高等职业教育"十四五"规划教材

Photoshop 案例教程

主　编　邹宏伟

副主编　鲍　蓉　宁静涛

中国石化出版社

内 容 提 要

本书共分为六章，由浅入深，依次介绍了入门基础知识、基础案例、基础制作案例、矢量工具应用案例、特效字制作案例、常用案例等，旨在推进职业教育教学改革，增强职业技术教育适应性，积极开展教学形式和实例内容的创新实践，促进和提高数字图像处理方面实用技能的培养。

本书主要面向职业本科，中、高等职业技术院校，以及相关培训机构的学生，同时适合从事数字图像处理、广告平面设计、印前图文制作相关工作的设计工作者参考使用，也可供广大 Photoshop 爱好者自学使用。

图书在版编目（CIP）数据

Photoshop 案例教程 / 邹宏伟主编 . -- 北京：中国石化出版社，2022.9（2024.8 重印）

ISBN 978-7-5114-6836-9

Ⅰ . ① P… Ⅱ . ①邹… Ⅲ . ①图像处理软件 – 教材

Ⅳ . ① TP391.413

中国版本图书馆 CIP 数据核字（2022）第 157188 号

中国石化出版社出版发行

地址：北京市东城区安定门外大街 58 号

邮编：100011 电话：（010）57512500

发行部电话：（010）57512575

http://www.sinopec-press.com

E-mail：press@sinopec.com

北京科信印刷有限公司印刷

全国各地新华书店经销

*

787×1092 毫米 16 开本 17.75 印张 275 千字

2022 年 9 月第 1 版 2024 年 8 月第 3 次印刷

定价：52.00 元

《Photoshop 案例教程》
编 委 会

前言
PREFACE

  随着信息技术的高速发展，偏重理论知识的传统教育模式已无法满足培养就业能力的需求，一方面毕业生难以找到满意的工作，另一方面用人单位招不到符合职业岗位要求的人才。本书旨在推进职业教育教学改革，增强职业技术本科教育适应性，积极开展教学形式和实例内容的创新实践，加强数字图像处理方面实用技能的培养，以达到学生有兴趣学、轻松易学、学以致用的效果。

  本书经过兰州石化职业技术大学数字图像处理一线教师多年的理论教学和实践教学经验积累，符合软件学习、熟识及掌握的规律；在教学内容的安排上精心设计，采用"以例带点"的方式，将每个知识点的讲解都融入典型实例中，实践性强。通过 56 个由浅入深、丰富实用的代表型案例，让零基础的学习者快速掌握 Photoshop 软件应用技能，让具备软件基础的学习者操作技术得到提升。专业课程教学使用本教材时，建议安排50~60 学时，本书配套二维码视频演示，能够满足线上线下同步教学，进阶学习本书案例，学习者通过反复练习，达到 1~3 分钟熟练完成案例总任务的要求，便可胜任数字图像处理工作岗位。

  本书共分为六章，由浅入深，包含入门基础知识、基础案例、基础制作案例、矢量工具应用案例、特效字制作案例、常用案例等内容。本书主要面向职业本科，中、高等职业技术院校，以及相关培训机构的学生，同时适合从事数字图像处理、广告平面设计、印前图文制作相关工作的设计工作者参考使用，也可供广大 Photoshop 爱好者自学使用。

  本书由邹宏伟教授担任主编（编写第 1 章、第 2 章），参加编写的人员还有鲍蓉（编写第 3 章）、宁静涛（编写第 4 章）、张斌（编写第 5 章）、刘伟（编写第 6 章）。本书的编写，得到了兰州石化职业技术大学领导和有关同事的大力帮助和支持，在此表示感谢。

  由于编者水平有限，加之写作时间比较仓促，书中难免存在不足之处，恳请广大读者批评指正，编者在此表示感谢。

编者

2022 年 8 月

目录
CONTENTS

第1章 入门基础知识

👑 PS 只是一个工具而已，不要把它看成神物。

👑 看 5 本书不如自己动脑筋分析一个例子。

一、菜单栏

菜单栏中包含"文件""编辑""图像""图层""文字""选择""滤镜""视图""窗口"和"帮助"菜单选项，在单击某一个菜单后会弹出相应的下拉菜单，在下拉菜单中选择各项命令即可执行此命令。

二、工具选项栏

在选择某项工具后，在工具选项栏中会出现相应的工具选项，在工具选项栏中可对工具参数进行相应设置。

> 学 PS 并不难，难的是学会怎么用。

三、工具箱

工具箱中包含了多种工具，可以单击选择，并在图像中执行操作。工具箱中集合了图像处理过程中使用最频繁的工具，是 Photoshop 2022 中文版中比较重要的功能。执行"窗口－工具"命令可以隐藏和打开工具箱；单击工具箱上方的双箭头可以双排显示工具箱；再点击一次按钮，恢复工具箱单行显示；在工具箱中可以单击选择需要的工具；单击并长按工具按钮，可以打开该工具对应的隐藏工具；在工具箱中可以看到各个工具的名称及其对应的快捷键。

> 不要试图掌握 PS 的每一个功能，熟悉和你工作最相关的部分就可以了。

Photoshop 2022 版本隐藏了很多低版本显示的工具，点击工具条倒数第三个自定义工具栏可以将不显示的工具有选择的调出来。

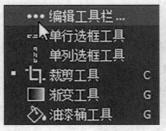

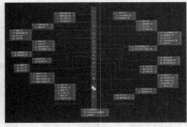

四、文档窗口

此窗口用来显示或编辑图像文件。

不要看不起最基本的元素，往往看起来比较复杂的图像就是这些基本元素构成的。

五、选项卡

当打开多个文档时，它们可以最小化到选项卡中，单击需要编辑的文档名称，即可选定该文档。当打开多个图像时，图像会以选项卡的形式在 Photoshop 2022 中文版中显示，选项卡显示图像的名称和格式等基本信息，可以通过单击选项卡或按快捷键 Ctrl+Tab 选择图像。

调整图像的选项卡类似于面板操作，单击并拖动图像选项卡即可移动图像，也可以调整图像的文档窗口大小。

执行"窗口 – 排列"菜单命令，可以排列图像。

不要问：有没有 XXX 教程——耐心的人会自己打开 PS 软件尝试。

六、控制面板

在 Photoshop 2022 中根据功能的不同，共分 25 个控制面板，在"窗口"菜单中可以选择并进行编辑。

控制面板是 Photoshop 2022 中文版中进行颜色选择、编辑图层、编辑路径、编辑通道和撤销编辑等操作的主要功能面板，是工作界面的一个重要组成部分。

①执行 Photoshop 2022 中文版"窗口 – 工作区 – 基本功能（默认）"命令后的面板状态。

②单击 Photoshop 2022 中文版右方的折叠为图标按钮，可以折叠面板；再次单击折叠为图标按钮可恢复控制面板。

③执行 Photoshop 2022 中文版"窗口－工作区－绘画"命令后的面板状态，选择"画笔工具"即可激活"画笔"面板。

④执行 Photoshop 2022 中文版"窗口－图层"命令，可以打开或隐藏面板。

⑤将光标放在面板位置，拖动鼠标可以移动面板；将光标放在"图层"面板名称上拖动鼠标，可以将图层面板移出所在面板，也可以将其拖曳至其他面板中。

⑥拖动面板下方的按钮可以调整面板的大小。当鼠标指针变成双箭头时拖动鼠标，可调整面板大小。

⑦单击面板右上角的关闭按钮，可以关闭面板。

⑧常用控制面板说明：

导航面板共有两个界面，导航器用来预览当前正在处理的图像，并可调整图像。

信息窗口用来显示当前光标点所在位置或所选定区域在 RGB 色彩模式和 CMYK 色彩模式下各分量值。

直方图的横轴代表色阶（对于彩色图像也仅仅用 256 个色阶，即灰度来表示）的分布情况，左边为暗部，右边为亮部，中间是中间调。

颜色控制面板用来改变前景色和背景色。我们可以通过调整各个颜色的参数、直接选取来改变颜色。

色板可以让用户通过选取样本颜色选取前景色或者背景色。

通过历史控制面板，用户可以对图像进行多次恢复的操作。并可为当前编辑的图像建立快照，以节省内存空间。动作控制面板相当于 dos 操作系统下的批处理文件，可以进行多个命令的操作。它可以记录用户操作的多个动作，在制作相同图像的时候，用户只需要运行这个动作，Photoshop 就可以自动制作出图像。

图层是 Photoshop 为了方便图像的制作而设计的图像编辑方法，图像中的各个层相对独立，可以单独移动，也可以将几个图层合并。图层操作包括：设置图层的合并模式、层的透明度、在层中创建遮罩、建立新层及删除层等。

通道面板可以用来控制各个颜色分量的设置，可以使用或关

👑 不要说：不要让我用英文的 PS，不要让我看英文的网站，我看不懂——谁都是从不懂到懂的。

👑 不要担心：没有学过美术，一定用不好 PS。

闭任一个通道，也可创建新通道、复制通道等。

　　对于用户，路径是一个非常得力的帮手，路径可以帮助你选择复杂的图像、描绘出平滑的图形。

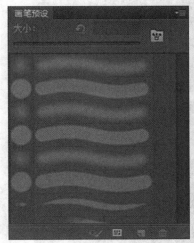
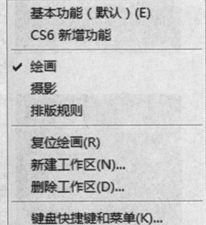

不要只问不学。

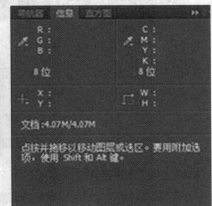

学 PS 要坚持，要有耐心。

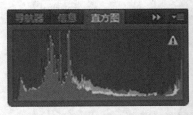

看到某个图像的教程请试着用同样的方法作出其他的图像。

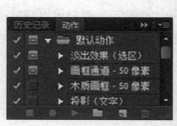

👑 时常总结、吸收自己和其他人的小技巧。

七、状态栏

显示文档大小、当前工具等信息。

①最左侧的百分数为图像显示尺寸与图像实际大小的百分比。即图像在工作区中的显示比例，此值不影响图像的实际大小。

②"文档"后面显示的是当前状态下该文档的大小。

③三角形后面为当前所选择的工具箱中工具的说明信息。

👑 有了问题先自己想，再查看帮助，1个小时后没有结果再问别人。

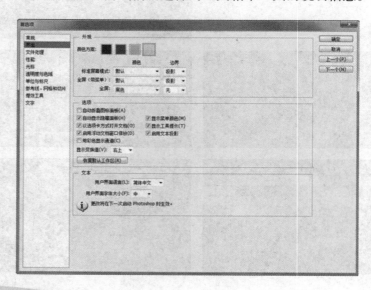

八、更改主界面

默认 Photoshop 2022 中文版工作界面为黑灰色，如果想改变工作界面颜色，可选择"编辑""首选项"－"界面"，弹出首选项对话框，在这里可以选择切换主界面颜色。

九、专业术语

在学习 Photoshop（PS）的过程中，经常会遇到一些专业术语，下面我们来对一些 PS 常用的、并且比较难理解的术语进行简单讲解。

像素：像素是构成图像的最基本元素，它实际上一个个独立的小方格，每个像素都能记录它所在的位置和颜色信息。

分辨率：单位长度内（通常是一英寸）像素点的数量多少。针对不同的输出要求对分辨率的大小也不一样，如常用的屏幕分辨率为 72 像素 / 英寸，而普通印刷的分辨率为 300 像素 / 英寸。

文件格式：为满足不同的输出要求，对文件采取的存储模式，并根据一定的规格对图像的各种信息和品质做取舍，它相当于图像各种信息的实体描述。

切片：为了加快网页的浏览速度，在不损失图像质量的前提下用切片工具将图片分割成数块，使打开网页时加载速度加快。每一个方格是一个切片，可以分块输出。

输入：以其他方式获取图像或特殊对象的方法。如扫描、注释等。

输出：将图像转换成其他的文件格式，以达到不同软件之间文件交换的目的，或是满足其他输出的需求。

批处理：使多个文件执行同一个编辑过程（动作）。

色彩式模：将图像中像素按一定规则组织起来的方法，称之为色彩模式。不同输出需要的图像有不同的色彩模式。常用的色彩模式如 RGB、CMYK、Lab 等。

图层：为了方便图像的编辑，将图像中的各个部分独立起来，对任何一部分的编辑操作对其他部分不起作用。

蒙版：用来保护图像的任何区域都不受编辑的影响，并将对它的编辑操作作用到它所在的图层。

学会用搜索引擎，很多知识在网上可以轻松得到。

花 3 个小时做 10 张图，不如花 10 个小时做 3 张图。

通道：通道是完全记录组成图像各种单色的颜色信息和墨水强度，并能存储各种选择区域、控制操作过程中的不透明度。

位图图像：位图也叫栅格图，由像素点组成，每个像素点都具有独立的位置和颜色属性。

矢量图形：由矢量的直线和曲线组成，在对它进行放大、旋转等编辑时不会对图像的品质造成损失，如其他软件 AI、CDR、等文件。

滤镜：利用摄影中滤光镜的原理对图像进行特殊的效果编辑。虽然其源自滤光镜，但在 PS 中将它的功能发挥到了滤光镜无法比拟的程度，使其成为 PS 中最神奇的部分。PS 中有 13 大类（不包括 Digmarc 滤镜）近百种内置滤镜。

色域警告：将不能用打印机准确打印的颜色用灰色遮盖加以提示。适用于 RGB 和 Lab 颜色模式。

十、图像基础

在 Photoshop 中对文件进行操作首先要了解图像的基础知识。Photoshop 2022 是位图处理软件，但是它也包含了矢量处理功能。学习前了解像素与分辨率的关系，便于为日后的学习打下基础。

1. 位图

位图：位图图像（在技术上称作栅格图像）是用图片元素的矩形网格（像素）表现图像。每个像素都分配有特定的位置和颜色值。在处理位图图像时，编辑的是像素，而不是对象或形状。位图图像是连续色调图像（如照片或数字绘画），最常用的是电子媒介，因为它们可以更有效地表现阴影和颜色的细微层次，将这一类图像放大到一定程度时，图像会显现出明显的点块化像素。

位图图像与分辨率有关，也就是说，它们包含固定数量的像素。因此，如果在屏幕上以高缩放比率对它们进行缩放或以低于创建时的分辨率来打印它们，会丢失其中的细节，并呈现出锯齿。

2. 矢量图

矢量图（有时称作矢量形状或矢量对象）是由称作矢量的数学对象定义的直线和曲线构成的。矢量根据图像的几何特征对图像进行描述。可以任意移动或修改矢量图形，而不会丢失细节或

不要总想给图片赋予什么意义，好看就行。

学 PS 首先掌握功能，然后掌握方法。

影响清晰度，因为矢量图形与分辨率无关，即当调整矢量图形的大小、在 PDF 文件中保存矢量图形或将矢量图形导入到基于矢量的图形应用程序中时，矢量图形都将保持清晰的边缘。因此，对于将在各种输出媒体中按照不同大小使用的图稿（如标志），矢量图形是最佳选择。

3. 图像的质量

Photoshop 2022 的图像是基于位图格式的，而位图的基本单位是像素，因此在创建位图图像时需要指定分辨率的大小。图像的像素与分辨率能体现出图像的清晰度，决定图像的质量。

（1）像素

位图图像的像素大小（图像大小或高度和宽度）是由沿图像的宽度和高度测量出的像素数目多少决定的。一幅位图图像，像素越多的图像越清晰，效果越细腻；选择工具箱中的缩放工具放大图像；可以看到构成图像的方格状像素。

（2）分辨率

分辨率是指位图图像中的细节精细度，测量单位是像素／英寸（ppi）。每英寸的像素越多，分辨率越高。一般来说，图像的分辨率越高，得到印刷图像的质量就越好。

虽然分辨率越高图像质量越好，但会增加占用的存储空间，所以根据图像的用途设置合适的分辨率可以取得最好的使用效果。如果图像应用于屏幕显示或网络，可以将分辨率设置为 72 像素／英寸；如果图像用于打印机打印，可以将分辨率设置为 100~150 像素／英寸；如果图像用于印刷则应设置为 300 像素／英寸以上。

4. 颜色模式

指的是在显示和打印图像时使用哪种记录图像颜色的方法。主要分为：

（1）RGB 颜色模式

新建的 Photoshop 图像的默认颜色模式为 RGB，计算机显示器就采用这种模式，并会将非 RGB 模式在插值处理时自动设为 RGB 模式。在 RGB 模式中，红绿蓝（RGB）三色都划分为 0 到 255 的不同强度，而自然界的所有颜色都可以由 RGB 的不同强度组合而得。当 RGB 的 3 个分量值相等时，呈现为中性灰色；

先会走再会跑。

明白了以上几条，你会觉得 PS 不过如此。

当 3 个分量的值均为 255 时，呈现为纯白色；当 RGB 值都为 0 时，呈现为纯黑色。

（2）CMYK 模式

CMYK 颜色模式是一种印刷模式，4 种基本颜色是青、品红、黄、黑，这也是印刷油墨最常用的 4 种颜色。CMYK 的 4 种颜色按不同百分比混合，可得到各种颜色。当 4 个分量的值均为 0% 时，呈现为纯白色。值越大，颜色越暗。制作要用印刷色打印的图像时，应使用 CMYK 模式。

（3）Lab 模式

Lab 模式是在不同颜色模式之间转换时使用的中间颜色模式，其颜色呈现与设备无关。L 表示亮度，a 和 b 的值决定颜色。

（4）位图模式

位图模式的图像也叫作黑白图像，用黑和白两种颜色来表示图像中的所有像素，所以位图图像尺寸最小，约为灰度模式的 1/7，RGB 模式的 1/22 以下。由于位图模式只用黑色和白色来表达，图像转换为位图模式会丢失大量细节。

（5）灰度模式

该模式使用多达 256 级灰度来表达。灰度图像中的每个像素都有一个 0（黑色）到 255（白色）之间的亮度值。灰度值也可以用黑色油墨覆盖的百分比来度量（0% 等于白色，100% 等于黑色）。

十一、保存图像的文件格式

（1）PSdPdd

Photoshop 专用格式，可以保存图像的层、通道等原始信息，但是储存后的文件容量大。尚未制作完成的图像，用 PSd 格式保存是最佳选择。

（2）BMP

windows-bitmap，位图，微软公司软件的专用格式。与硬件设备无关，占用空间大，被 windows 和 os/2 支持。

（3）GiF

图形交换格式，6 位图像文件，最多 256 色，文件小，常用于网络传输。

（4）TGA

targa，支持 32 位图像，经常由 3dS 中生成。

（5）JPEG

最常用的图像格式，支持真彩色，可以有很大的压缩比，能占用最少的空间而获得较好的图像质量。

（6）TiF

标签图像文件格式。在 mac 和 pc 机使用比较广泛的图像文件格式，在 Photoshop 中可以储存 24 个通道。

（7）PhotoCd、PNG、scitexCT、pict

kodak 创立的文件格式，其图像具有相当高的质量。

（8）PhotoCd、PNG、scitexCT、pict 等：不常用

十二、掌握正确的学习方法

一定要记住，Photoshop 只是一个工具，而使用工具靠的是自己的感觉、技巧，怎么样达到这一境界呢？没有别的办法，只有练。而且要非常非常熟练，对于案例教程的学习方法，要限时完成，达到这一层次后最重要的是将所学的各种效果延伸使用，做出更好的效果，Photoshop 贵在精。

 记录下在和别人交流时发现的自己忽视或不理解的知识点，保存好你做过的所有的源文件——那是最好的积累之一。

扫码获取视频资料

★ 希望大家能多
利用一下网络，不
要沉迷众多的 PS 图
书中。

Photoshop 中文版
第 2 章 基础案例

本章主要介绍 Photoshop 基本工具的使用，使读者从实例中体会 Photoshop 工具的用法。本章案例主要内容包括选框、移动、套索、魔棒、裁切、画笔、橡皮擦、渐变、模糊、路径组件选择工具、钢笔工具、注释、抓手、设置前景色和背景色、以标准模式编辑、快速蒙版等工具的使用方法。

要求熟练掌握 Photoshop 软件基本工具的使用方法。掌握案例中涉及的菜单栏、工具箱、功能调板等工具的使用方法。初步了解图像、图层、选区、蒙版通道、路径等术语。

1. 选区

选区的概念应用于大多度的图形图像软件中，在 Photoshop 中，选区常常和蒙版通道相互转换。

首先 Photoshop 中的大多数操作是针对选区进行的，如填充、渐变、滤镜等都是在特定图层，特定选区上才能应用的，在选区外是不起作用的。用选框、套索、多边形套索或磁性套索工具点按和拖移建立选区，或者用魔棒工具或"色彩范围"命令选择一定的彩色区域建立选区。与某个选择工具相对应的选项会出现在其选项调板中。建立一个新的选区会替换现有的选区。在建立了选区后 Photoshop 中有对选区的相应操作，如移动，放大缩小，变形，扭曲等。

在进行图像处理的过程中，我们一般希望只对图像的局部，而不是对整篇图像进行处理，这就需要有定义编辑区域的工具。Photoshop 提供了以下几种定义编辑区域的工具。它们是选区、路径和蒙版。

★ 如果你是刚刚
进入 PS 大门的菜鸟，
建议你不要去买试
图把 PS 所有功能都
讲清楚的学习书。

选区是暂时选择图像的一个区域的一种方法，被定义的选区用闪烁的点线（蚂蚁线）表示。点线内的区域为选区，在图像其他地方单击鼠标左键，则取消选区。有时候表示选区范围的点线会干扰我们的思维，这时使用 Ctrl+H 组合键可以隐藏 / 显示点线。有以下几种工具可以建立选区：

2. 路径

路径是以图像的形式存储的选区，可以进行编辑，可以被填充和勾边，也可以同选区相互转换使用。有以下几种方法可以建立路径：直接把选区转换成路径，进行编辑；用钢笔工具画一条路径。如果您已习惯使用贝塞尔曲线，那么将很乐意使用路径。

3. 蒙版

从广义上讲，蒙版实际上是一个固定、持久的选区，被蒙住的部分不受以后修改的影响，根据使用的不同，蒙版又可分为：快速蒙版、层蒙版、通道蒙版等。

案例1 太极图

步骤一、新建一图像文件

单击文件菜单＞新建＞弹出对话框＞选定名称为"选区练习"＞背景为白色＞其余自定。

★ 初学者学习过程中最好是理论和实践操作相结合，不要看太多的理论而不去实践，也不要只看教程而不学理论，尽量在实例中理解。

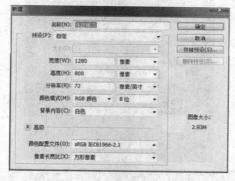

步骤二、基本形

选择选区工具＞在工作区拖出矩形＞按字母D＞恢复默认黑白前景色＞按Alt+Del填充前景色＞同理作出圆形＞水平线＞垂直线。

★ PS的功能一本是写着8.0版本，一本是写着最新的PS 2022版本，但作者的写作理念并没改变。

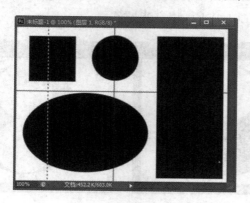

步骤三、相加减后的形，制作太极图

①点取图层窗口 > 新建图层。

②调出标尺 Ctrl+R > 在中心画一十字 > 选择选区 > 圆 > 固定大小 > 尺寸自定 > 指十字中心 > 按 Shift+Alt 画出选区 > Alt+Delete 填充前景色。

★ 多多注意一下 PS 三大概念的深层理解和应用，而不是一开始就迷失在 PS 繁多的命令的海洋里。

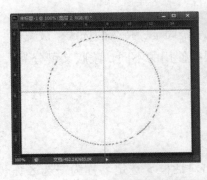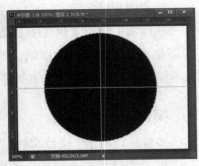

★ 当然不是学完书中的例子就是 PS 高手了。

③选择选区 > 圆 > 固定大小 > 尺寸减半在十字中间点出选区 > 新建图层 > Ctrl+Delete 填充背景色。

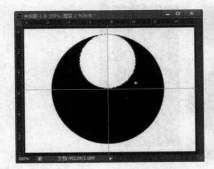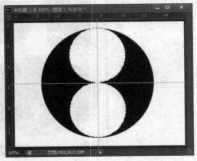

 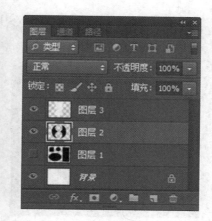

④魔棒点取上面小圆 > 下一图层 Alt+Delete 填充前景色 > 重复下面小圆 Ctrl+Delete 填充背景色。

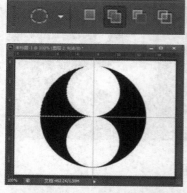 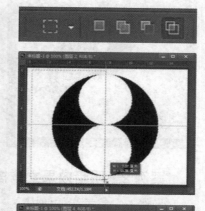

★ 学习 PS 最重要的是自己多练习、多实践、多多思考和延伸学过的功能应用。

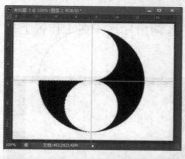 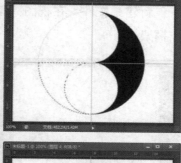

★ 能用学到的技巧为自己自由应用才是学习 PS 的终极目的。

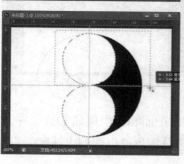 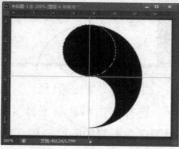

⑤择选区 > 圆 > 固定大小 > 尺寸十分之一 > 在十字中间点出选区 > 填充出阴阳眼。

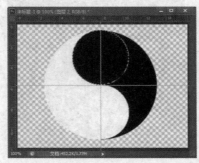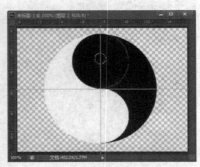

⑥关闭多余图层可见性（眼睛） > Ctrl+Alt+Shift+E 盖印 > 加背景完成。

　实例很重要，在能够激起学习兴趣的同时，还能够掌握一些基本的操作技巧，遇到不明白的再去看书。

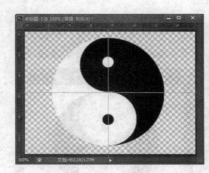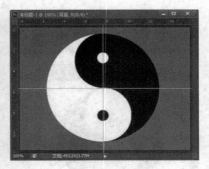

案例 2　明暗效果立体按钮

步骤一、参考线的使用

新建一文件 > 在视图菜单 Ctrl+R 调出标尺 > 在工作区上拖出框架。

　所有的快捷键的功能在菜单中都能找到，无须死记硬背。接触得多了，自然就能熟练掌握。

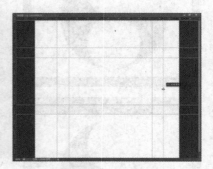

步骤二、颜色填充

选择多边形套索工具 > 分别做出正面和四个侧面的选区并分别保存在不同的图层 > 用喜欢的颜色分别填充以便调出选区。

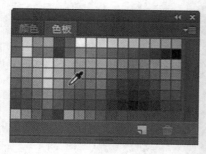

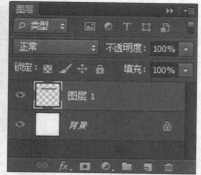

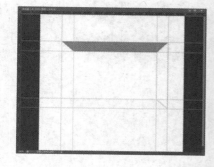

★　要细心去观察别人是怎么用PS的，这样可以少走很多的弯路。

步骤三、调节明暗效果

　　分别在各图层中调出选区（Ctrl+图层缩览图），选择图像>调整>亮度对比度，在对话框内调整，最后得到效果图。

★　认真掌握操作技能，打好基础，要把各项常用命令的位置、功能、用法和效果记住、做熟。

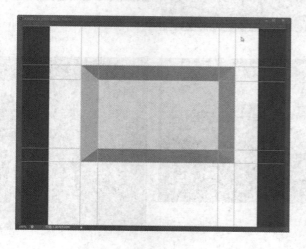

案例3　图像合成

步骤一、打开要处理的图像素材

单击文件菜单 > 打开 > 资源管理器 > 打开两幅图像岛上的女孩和小鸭文件。

★　主动承包制作任务，积累经验。

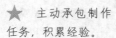

★　现在可以找一些活儿来试着做一做，把学过的知识运用到实践当中去。

步骤二、在不同的文档间移动图像

使小鸭图像移动到女孩图像中 > 选择 > 移动工具 > 在小鸭图像上按住鼠标左键不放 > 拖动到女孩图像的图层上 > 把图像拖动到合适位置 > 松开鼠标左键 > Photoshop 自动生成一个新图层。

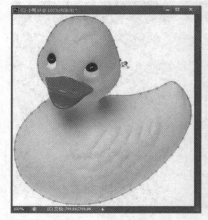

⭐　只要冷静地处理一个一个的难题，硬着头皮走过来，就会发现自己长本事了。

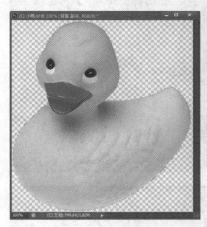

⭐　积极主动地去学、去看、去做。经过一段时间的不懈努力，别人不仅说您学会了 PS 操作，而且会夸赞您的素质提高了。

步骤三、磁性套索或魔棒工具

选择图层 2 小鸭 > 磁性套索点黄白边缘 > 推动鼠标一圈封闭选区 > 或用魔棒工具点选白色 > Ctrl+I 反选，得到小鸭选区。

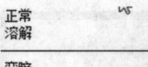

★ 每完成一个作品，您的水平肯定提高一大截。

★ 别指望看一遍书就能记住和掌握什么——请看第二遍、第三遍。

正常
溶解

变暗
正片叠底
颜色加深
线性加深
深色

变亮
滤色
颜色减淡
线性减淡（添加）
浅色

叠加
柔光
强光
亮光
线性光
点光
实色混合

差值
排除
减去
划分

色相
饱和度
颜色
明度

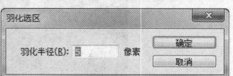

步骤四、图像合成

在小鸭图层 > Ctrl+T 缩放适当大小 > 按住 Shift+ 对角按比例调整大小 > 移动到女孩衣服上 > 回车确定。

步骤五、选择曝光不足区域

选择女孩图层 > 让它成为当前图层 > 用魔棒工具 +Shift 点击光线不足区域 > 选择 Shift+F6 羽化选区。

步骤六、调节图像的亮度与对比度

Ctrl+L 色阶 > 调整 > 在调节的过程中图像会随之变化。

步骤七、完成图像合成

Ctrl+D 取消选区 > 存储文件。

★ 不要被蒙版、通道等词汇所迷惑，通道就是选区。最根本的是你先了解基础知识。

案例 4　旧照片翻新

步骤一、打开要处理的图像素材

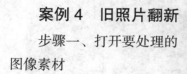

★ 不要放过任何一个看上去很简单的小问题——他们往往并不那么简单，或者可以引申很多知识点。

步骤二、仿制图章工具

画笔单击左边工具条上的仿制图章工具 > 工具栏上出现"画笔"选项 > 单击画笔后面的小三角 > 打开画笔预设选取器 > 按Ctrl+［或Ctrl+] > 调试画笔直径大小 > 使其比图中杂点大小略大些 > 效果模式为正常 > 不透明度为 100%。

★ 看再多 PS 的书，也是学不全 PS 的，要多实践。

步骤三、仿制图章工具的使用

按住 Alt 键单击杂点周围正常的颜色 > 然后将画笔圈住要去除的杂点 > 单击鼠标 > 照此方法即可去除图像上所有的杂点。

★ 把时髦的技术挂在嘴边，还不如把过时的技术记在心里。

步骤四、用曲线调节相片

单击图层调板最下面一行"调整图层"按钮 > 按 Ctrl+M 曲线 > 弹出对话框 > 调节曲线 > 改变图像明暗 > 对比度 > 图像调节完毕。

★ 在任何时刻都不要认为自己手中的书已经足够了。

案例 5　制作彩虹

步骤一、选择有山水的素材

打开一图像 > 在图层面板上新建空白图层 > 在工具箱中选择渐变工具。

步骤二、设置渐变

在工具栏选项中选择径向渐变 > 然后单击打开渐变编辑器 > 将颜色设置多一些 > 调整颜料桶的位置 > 将颜色集中到中间 > 点击确认。

★ 看得懂的书，请仔细看；看不懂的书，请硬着头皮看。

★ 不要漏掉书中任何一个练习——请全部做完并记录下思路。

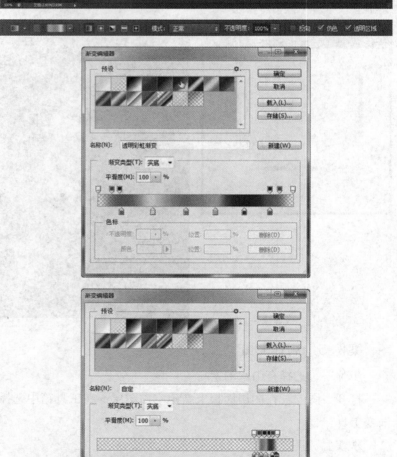

★ 当你用 PS 用到一半却发现自己用的方法很拙劣时，请不要马上停手，尽快将余下的部分粗略地完成以保证这个设计的完整性，然后分析自己的错误并重新设计和工作。

步骤三、拉出渐变

选择径向渐变 > 按住 Shift > 从图下向上拉渐变 > 得到彩虹
效果。

★ 空想不如实
干，时间会告诉你
答案。

★ 不要总期望有
高手无偿指点你，
除非他是你亲戚。

步骤四、调整羽化

在彩虹的两端拉出选区（拉出第一个后，按住 Shift 拉第二
个）> 再选择 > 羽化 > 设置羽化半径大一些 > 确定后，在彩虹图
层中删除选定的部分 > 直到效果满意。

★ 记录下在和别人交流时发现的自己忽视或不理解的知识点。

案例 6　球体的制作

步骤一、新建 RGB 文件

新建一文件 > 在视图 > 标尺 > 拉出参考线 > 选择椭圆工具 > 按住 Alt+Shift 在参考线中心拖出一正圆。

★ 讨论者，起码是水平相当的才有讨论的说法，如果水平差距太大了，连基本操作都需要别人给解答，谁还跟你讨论呢。

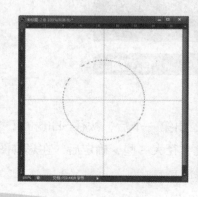
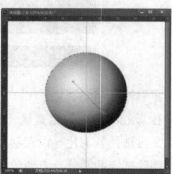

步骤二、径向渐变

选择渐变 > 打开渐变编辑器设置参数 > 用白、灰、黑设置渐变参数 > 选径向渐变 > 由左上方向右下方渐变 > 注意高光。

★ 不要看到别人的作品第一句话就说：给个教程吧！应该先想这个是怎么做出来的。

步骤三、制作阴影

新建图层 > 按 Ctrl+［图层下移 > 在新建图层拉出一椭圆 > 用选择 > 羽化（40 像素）> 填充黑色 > 将其移到球体右下方。

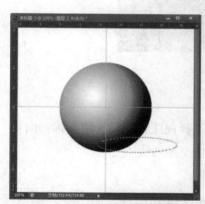 

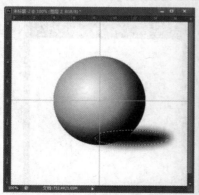 

★ 当你自己想出来，再对照别人的教程的时候，就知道自己和别人的思路的差异。

★ 初学者请不要
看太多的书，先找
本书系统地学，很
多人用了很久PS，
都是只对部分功能
熟悉而已，不系统
还是不够的。

步骤四、设置背景效果

新建一背景图层 > 选择渐变 > 用径向渐变填充。

案例7　光盘的制作

步骤一、参考线的使用

新建文件 > 新建一个图层 > 选择视图 > 标尺 > 将鼠标指向标尺处 > 按鼠标左键 > 用移动工具拉出参考线。

步骤二、以指定点为中心画圆

以参考线交点为圆心 > 按 Shift+Alt 画圆。

★ 不会举一反三，
你就永远不等于会
用 PS。

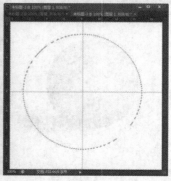

步骤三、使用渐变

打开渐变编辑器 > 编辑"色谱渐变" > 多选几种颜色 > 选取渐变工具（角度渐变）> 由中心向外拉出渐变。

★ 会用 PS 处理相片，并不能说明你会设计。

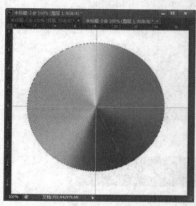

步骤四、挖空操作

按 Shift+Alt > 以参考线交点为圆心画小圆 > 按 Del 挖空虚线内部分。

★ 学 PS 并不难，AI，CD 等也不过如此——难的是长期坚持实践和不遗余力地博览群书。

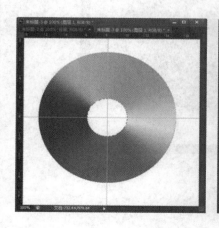

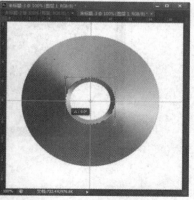

步骤五、内径操作

由中心画一小圆 > 按编辑 > Ctrl+T 自由变换 > 旋转一定角度 > 作出反射光效果 > 选择图层样式 > 投影 > 产生阴影效果。

★ 可以通过按快捷键来快速选择工具箱中的某一个工具，各个工具的字母快捷键如下：

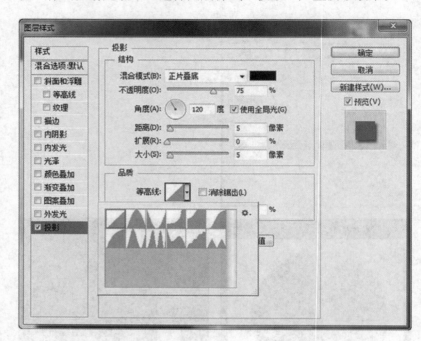

★ 选框——M

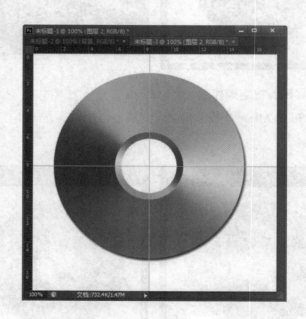

★ 移动——V

案例 8　图像融合

步骤一、打开两张风景图

打开两个图像文件 > 分别将两副图都调整为同样大小 > 将其中一张图拖至另一图中 > 此时图层面板会自动新增一图层。

★　套索——L

★　魔棒——W

★　喷枪——J

步骤二、添加图层蒙版

给新图层加一蒙版 > 然后选渐变工具（从白到黑）在新图层上做渐变（注意：此时的渐变在图层蒙版上）> 一次如果不满意可撤销再做 > 直到满意为止！

★ 画笔——B

★ 铅笔——N

步骤三、显出倒影

试试用黑白画笔擦拭 > 观察，很神奇呦。

★ 橡皮图章
　——S

案例 9 图案字

步骤一、在图案上写字

打开一图片文件 > 选择文字工具 > 写几个字 > 设置字体 > 选择窗口 > 字符。

★ 历史记录
画笔——Y

步骤二、变换文字大小

按 Ctrl+T 自由变换工具 > 拉伸文字 > 大小自定 > 按住空格键 > 将文字放置在图片合适位置。

步骤三、用背景色填充选区

★ 橡皮擦——E

在图层面板，新建一图层 > Alt+ [或用鼠标拖拽放到最下层 > 任意选择色板颜色 > 按 Alt+Del 填充。

★ 模糊——R

步骤四、只留文字选区

按住 Ctrl 点取文字层 > 载入文字选区 > Ctrl+J 将图片中像素提取到新的图层 > 删除或关闭图片眼。

步骤五、浮雕效果

在图案字图层面板左下角 > 鼠标左键点击添加图层样式按钮 > 选择斜面和浮雕 > 图像产生浮雕效果。

★ 减淡——O

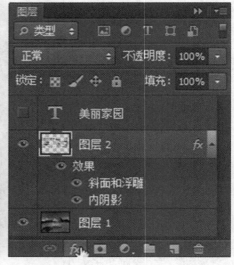

案例 10　边缘羽化

★ 钢笔——P

步骤一、选图片素材

打开一幅图片 > 在合适的位置建立一个矩形选区。

★ 文字——T

步骤二、羽化填充

选择 > 羽化 > 参数 30 左右 > 羽化选区 > 选择 > 反选 > 前景色为黑色填充。

步骤三、纹理效果

试着用滤镜 > 纹理 > 颗粒或其他滤镜。

★　度量——U

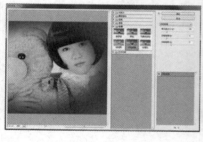

★　渐变——G

案例 11　更换背景

步骤一、选两个素材

打开建筑图片和蓝天图片。

★　油漆桶
　　——K

步骤二、合并文件

点选建筑图片 +Ctrl > 拖放到蓝天文件中 > 产生一新图层。

★ 吸管——I

步骤三、更换背景

用选区工具选出除建筑外的部分 > 删除。

★ 抓手——H

案例 12　卷边效果

步骤一、打开图片

打开一图像文件 > 单击图层面板中的新建按钮 > 新建一个透明图层。

★ 缩放——Z

步骤二、选择渐变

单击工具箱中的矩形选框工具 > 在图像的右边拖出一个长形选区 > 双击渐变工具 > 选择一种具有金属质感的渐变。

★ 默认前景和背景色——D

★ 切换前景和背景色——X

步骤三、作一金属圆柱

选择金属渐变 > 在图层 1 中按 Shift 拉出水平渐变。

★ 按住 Ctrl+Alt+Shift 后连续按"T"就可以有规律地复制出连续的物体。

步骤四、圆柱变圆锥

按 Ctrl+T > 点鼠标右键选择透视 > 将上方三个点重合 > 回车。

★ 键盘上的 D 键、
X 键可迅速切换前景
色和背景色。

步骤五、设置旋转中心

按 Ctrl+T > 将中心点移到三角形顶点 > 点鼠标右键选择旋转。

步骤六、旋转

旋转时注意将右下角的点要落在底边上 > 调整位置 > 使三角形顶点与图片右上角重合 > 回车。

步骤七、画弯曲形状

取消选区 > 单击工具箱中的椭圆形选框工具 > 画一个圆 > 移动到合适位置。

○ 套索工具		L
❤ 多边形套索工具		L
◯ 磁性套索工具		L

★ 按 Shift 键拖
移选框工具限制选
框为方形或圆形。

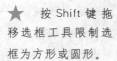

⬚ 矩形选框工具		M
○ 椭圆选框工具		M
⸬ 单行选框工具		
单列选框工具		

步骤八、删除多余部分

按 Del 删除 > 取消选区 > 新建图层 2 > 选择多边形套索工具 > 在图像右边 > 删除多余部分。

★ 按 Alt 键拖移选框工具从中心开始绘制选框。

案例 13　背景图案制作

步骤一、输入文字

新建文件 > 用文字工具输入文字。

步骤二、调整透明度

调整透明度 > 旋转 40° 左右。

步骤三、作出背景元素

复制一层 > 按 Ctrl+T 变形缩小至第一个文字的一半左右 > 用矩形选择工具画一个正方形 > 将文字选中。

★ 按 Shift+Alt 键拖移选框工具则从中心开始绘制方形或圆形选框。

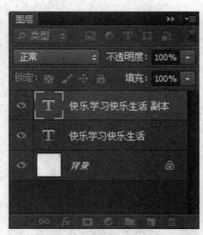
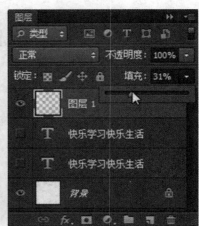

★ PS 必备的快捷键大全

步骤四、定义图案

选择编辑 > 定义图案。

步骤五、填充图案

取消选区 > 删除或关闭文字图层 > 选择油漆桶工具 > 选择刚定义的图案填充。

★ 新建 Ctrl+N

★ 打开 Ctrl+O

步骤六、定义形状

同样方法 > 新建一个文档 > 选择自定义形状工具 > 再单击黑三角按钮 > 在弹出的菜单中选择"全部" > 将系统自带的所有形状载入 > 此时弹出警告对话框 > 在其中单击"追加"按钮 > 完成形状载入操作。

步骤七、选形状

选择爪印形状 > 按住 Shift 键在图像中绘制一个猫爪印 > Ctrl+ 回车载入选区 > 填充颜色后 > 用矩形选框选中 > 编辑 > 定义图案。

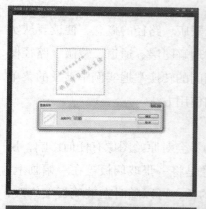

打开为 Alt+Ctrl+O

关闭 Ctrl+W

保存 Ctrl+S

扫码获取视频资料

第3章　基础制作案例

本章简要介绍图层、通道、蒙版、路径的概念，使读者从实例中体会相关工具的用法。要求理解图层、通道、蒙版、路径概念。熟练应用通道蒙版路径互相间的转换掌握实例中涉及的菜单栏、工具箱、功能调板等工具的使用方法。

另存为
Ctrl+Shift+S

1. 图层

图层可以单独进行处理，而不会对原始图像有任何影响，层中的无图像部分是透明的，就像是将一张玻璃板盖在一幅画上，然后在玻璃板上作图，不满意的话，可以随时在玻璃板上修改，而不影响其下的图像。这里的玻璃板，就相当于 Photoshop 中的图层，而且在 Photoshop 中，这样的"玻璃板"可以有无限多层。

2. 合并图层

将几个图层组合为一个图层，并可对文件大小进行管理。当一个图层内容的特征和位置确定后，可以将该图层与一个或多个图层合并，以创建复合图像的过渡版本。合并图层中所有透明区域的交叉部分继续保持透明。也可以将链接编组图层或剪贴编组图层中的各图层合并。图层效果和样式

另存为网页格式 Ctrl+Alt+S

Adobe Photoshop 包含可以应用到图层的大量自动效果，包括投影、发光、斜面和浮雕。图层样式是 Photoshop CS6.0 才引入的，它的原理和我们使用的 word 中文字样式的原理完全一样。将若干个图层效果的参数设置和混合模式组合在一起，就构成了图层样式。以后将某个样式赋予某个图层，就可以直接获得预先设置好的复杂效果，而不再需要一个一个地赋予图层效果并调整参数。这对于需要重复使用的效果十分有用。

打印设置
Ctrl+Alt+P

3. 通道

一个通道层同一个图像层之间最根本的区别在于：图层的各个像素点的属性是以红绿蓝三原色的数值来表示的，而通道层中的像素颜色是由一组原色的亮度值组成的。再通俗点说：通道中只有一种颜色的不同亮度，是一种灰度图像。通道实际上可以理

解为是选择区域的映射。

我们可以利用通道，将选择储存成为一个个独立的通道层；需要哪些选择时，就可以方便地从通道将其调入。当然，也可以将选择保存为不同的图层，但这样远不如通道来得方便；而且图像层是 24 位的，通道层是 8 位的，保存为通道将大大节省空间；最重要的是，一个多层的图像只能被保存为 Photoshop 的专用格式，而许多标准图像格式如 TIF、TGA 等，均可以包含有通道信息，这样就极大方便了不同应用程序间的信息共享。另外，通道的另一主要功能是用于同图像层进行计算合成，从而生成许多不可思议的特效。

4. Alpha 通道

可以看作只允许白色通过的通道，即白色部分为选择区域。由 8 位灰度图组成，黑色为蒙版区域，中间色为部分通过。所以，不要把通道看得很神秘，可以通过 alpha 通道的操作，获得精彩的选区，是因为可以在通道中应用滤镜！

5. 蒙版

蒙版是一个用来保护部分区域不受编辑影响的工具，即蒙版所覆盖的区域不会被任何操作修改。听起来很像选区，实际上蒙版和选区的确可以互相转换，而且蒙版的修改、变形比选区更加灵活和自由，是一个可视的区域，具有良好的可控制性。蒙版可以将不同灰度色值转化为不同的透明度，并作用到它所在的图层，使图层不同部位透明度产生相应的变化。黑色为完全透明，白色为完全不透明。

蒙版可以独立于图像之外进行操作，也可以同图像结合在一起操作，这是通道本身无法实现的。

6. 快速蒙版

快速蒙版只是一个临时蒙版，在快速蒙版中所做的一切操作都只应用到蒙版上，而不是图像上；常规蒙版只有黑白灰三种色，快速蒙版则可以任意定制蒙版颜色，不过实质都差不多。快速蒙版中定义的颜色覆盖的区域具有蒙版功能，其他区域则处于活动状态，可以任意操作。对于快速蒙版，常规蒙版的功能也适合于它，即黑色表示进行覆盖，白色表示取消蒙版功能。可把快速蒙版看作临时的 Alpha 通道。

👑 页面设置
Ctrl+Shift+P

👑 打印 Ctrl+P

👑 退出 Ctrl+Q

7. 图层蒙版

可以创建图层蒙版，以控制图层中的不同区域被隐藏或被显示。通过更改图层蒙版，可以将大量特殊效果应用到图层，而不会影响该图层上的像素。可以应用蒙版，使它所作的变化成为永久性的；或去掉蒙版，放弃所作的修改。可将所有图层蒙版与多图层文档一起存储。

👑 撤销 Ctrl+Z

8. 路径

路径可以是单独的直线或曲线组成的线条，也可以是直线段与曲线段相连接组成的线条。在屏幕上表现为一些不可打印、不活动的矢量形状。路径使用钢笔工具创建，使用与钢笔工具同级的其他工具进行修改。

在曲线线段上，每一个被选取的锚点都会显示为一个或两个带有方向点的方向线。方向线和方向点的位置会决定曲线线段的尺寸和形状，移动这些，它们就会改变路径中的曲线形状。路径可以是封闭的，即没有起点或终点（例如圆形）；也可以是开放的，有明确的端点（例如波浪线）。

👑 向前一步
Ctrl+Shift+Z

可以使用前景色描边路径，从而在图像或图层上创建一个永久的效果；但路径通常被用作选择的基础，可以对它进行精确定位和调整；它适用于不规则的、难于使用其他工具进行选择的区域的操作。

9. 路径的描边

使用画笔、橡皮、图章等工具来描画路径上的像素，即路径描边。路径描边的基本操作步骤是：首先定义要描边的工具，然后点按路径调板中的"描边路径"。

在熟悉 Photoshop 基本工具的使用的基础上，使读者从实例中体会用 Photoshop 工具制作技巧。

👑 向后一步
Ctrl+Alt+Z

要求熟练掌握每一个案例制作步骤。每一案例要在一至五分钟内完成。

案例 14 在钢板上刻字

步骤一、新建文件

打开 Photoshop 2022 > 新建一个文件 > 模式为 RGB > 白色
背景 > 大小自定 > 练习按 800×800 像素。

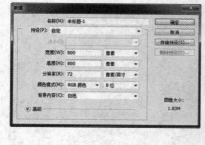

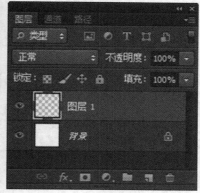

退取
Ctrl+Shift+F

步骤二、运用选区工具

新建图层 > 用矩形选取工具拖出一个长方形的选区。

剪切 Ctrl+X

步骤三、颜色板面

在色板面板上选择 50% 灰度 > Alt+Del 前景填充。

步骤四、选区运算

用椭圆选取工具 > 配合 Shift 键 > 拖出四个小正圆形的选区 >
按 Del > 挖空矩形图层中选区中的像素。

 复制 Ctrl+C

步骤五、设置图层样式

取消选区 > 单击图层 > 图层样式 > 混合选项 > 勾选"斜面和浮雕" > "方法"选择"雕刻清晰" > 即硬边 > 光泽等高线 > 选择"锥形" > 勾选"投影" > 按默认值 > 确定 > 初具规模。

合并复制
Ctrl+Shift+C

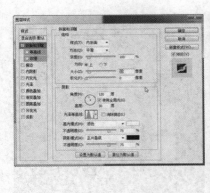
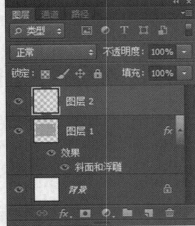

粘贴 Ctrl+V

原位粘贴
Ctrl+Shift+V

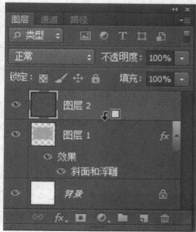

自由变换
Ctrl+T

再次变换
Ctrl+Shift+T

色彩设置
Ctrl+Shift+K

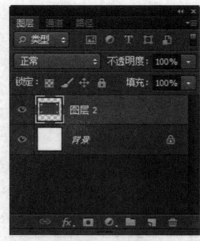

👑 调整→色阶
　　Ctrl+L

👑 调整→自动色
阶 Ctrl+Shift+L

步骤六、添加杂色

新建一层 > 选择 30% 灰度填充 > 选择滤镜 > 杂色 > 添加杂色。

步骤七、设置滤镜效果

执行滤镜 > 模糊 > 动感模糊 > 距离 2000 > 角度 30°~ 40° 左右 > 确定 > 将鼠标指向图层 1 图层 2 之间 > 按 Alt 键编组。

步骤八、合并图层

选定图层 1 和图层 2 > Ctrl+E 合并图层。

👑 调整→自动对
比度 Ctrl+Shift+Alt+L

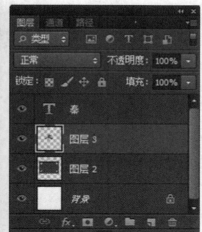

調整→曲线
Ctrl+M

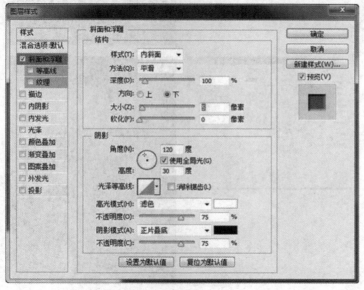

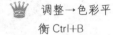
调整→色彩平
衡 Ctrl+B

步骤九、输入文字

选定文字工具 > 文字自选 > 设置字体 > Ctrl+T 设置文字大
小 > 调整到中间位置。

步骤十、提取文字像素

Ctrl+ 文字层提取文字选区 > 选定合并的钢板层 > Ctrl+J 提
取文字像素 > 关闭文字层。

调整→色相 /
饱和度 Ctrl+U

步骤十一、文字样式设置

选定文字层 > 图层样式 > 斜面和浮雕 > 适当调整参数 > 在运
用图层样式的时候要多试、多观察、多体会 > 参数不同效果会差
别很大。

步骤十二、最终效果

选定背景图 > 拉出渐变 > 衬托出整体效果。

调整→去色
Ctrl+Shift+U

调整→反向
Ctrl+I

提取
Ctrl+Alt+X

案例 15　相框制作

步骤一、新建一个文件

新建一个白色背景的 RGB 文件 > 尺寸自定。

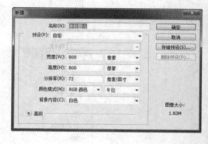 

👑 液化
Ctrl+Shift+X

步骤二、添加杂色

新建图层 > 填充灰色 > 选择滤镜 > 杂色 > 添加杂色 > 将数量值设为 400%、单色。

👑 新建图层
Ctrl+Shift+N

👑 新建通过
复制的图层 Ctrl+J

步骤三、动感模糊

选择滤镜 > 模糊 > 动感模糊 > 将角度设为 0 > 距离设为 2000 像素。

与前一图层
编组 Ctrl+G

取消编组
Ctrl+Shift+G

步骤四、模糊

选择滤镜 > 模糊 > 高斯模糊。

步骤五、扭曲

使用矩形选框工具建立选区 > 选择滤镜 > 扭曲 > 旋转扭曲。

合并图层
Ctrl+E

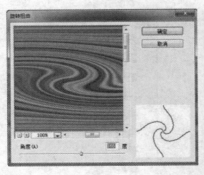

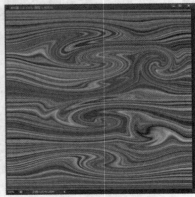

步骤六、反复扭曲

以不同的旋转角度，不同的区域，反复使用旋转扭曲滤镜制作木纹效果。

步骤七、为木纹材质着色

选择图像 > 调整 > 色相 / 饱和度 > 选中"着色"复选框 > 调出喜欢颜色。

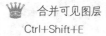 合并可见图层
Ctrl+Shift+E

 全选
Ctrl+A

步骤八、制作木质相框

矩形选取工具 > 拖出一个长方形的选区 > Ctrl+I 反选 > Del 删除多余像素 > 再拖出一个小的长方形选区 > Del 删除多余像素 > 选择通道面板 > 将选区存储为通道。

 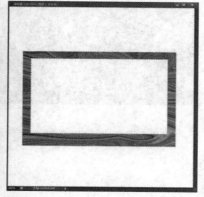

 取消选择
Ctrl+D

步骤九、制作立体相框

选择木质相框 > 添加图层样式 > 选择浮雕 > 投影 > 参数默认 > 其余不变 > 选择画笔黑色大小为像素 > 在相框四个角画出斜线缝隙。

全部选择
Ctrl+Shift+D

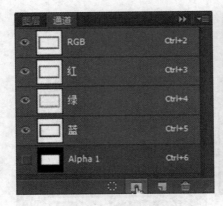 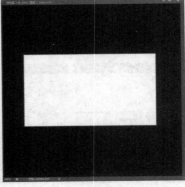

反选
Ctrl+Shift+I

 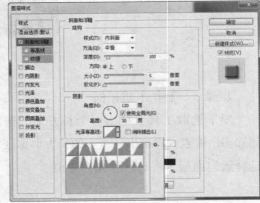

羽化
Ctrl+Alt+D

 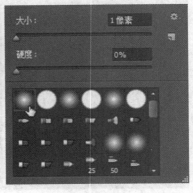

步骤十、装入相片

选择一个图片 > 拖入相框中 > Ctrl+T 缩放至相框大小 > 从通道中载入选区 Ctrl+A 或从菜单选择载入选区 > 反选 > 删除。

👑 上次滤镜
操作 Ctrl+F

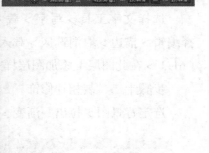

👑 校验颜色
Ctrl+Y

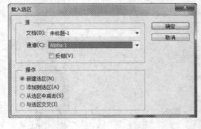

👑 色域警告
Ctrl+Shift+Y

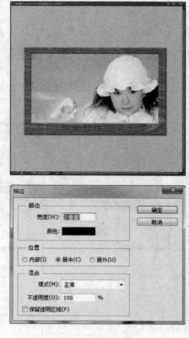

放大
Ctrl++

缩小
Ctrl+-

步骤十一、相框刻字

选择文字工具 > 写字 > 载入文字选区 > 新建一个图层 > 选择编辑 > 描边 > 取消选区 > 载入空心字选区 > 在相框上提取像素 Ctrl+J > 在此图层上添加图层样式 > 选择浮雕。

步骤十二、装相片修饰

选定背景图 > 拉出一渐变 > 衬托出整体效果。

满画布显示
Ctrl+0

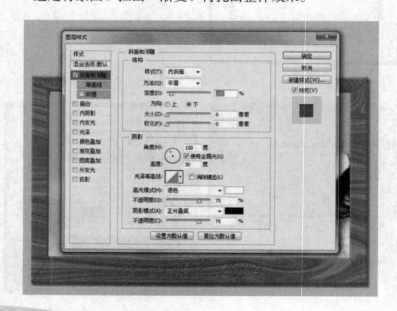

实际像素
Ctrl+Alt+0

案例 16 螺丝钉制作

步骤一、新建一个文件

新建 RGB 文档 > 新建一个图层 > 用 Shift+ 椭圆选取工具，建立一个正圆选区。

步骤二、取色填充

到色板上点取 50% 灰色填充。

显示附加
Ctrl+H

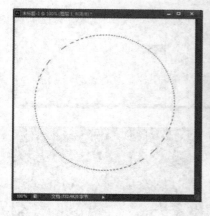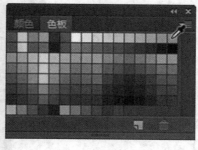

显示网格
Ctrl+Alt+'

步骤三、浮雕效果

按 Ctrl+D 取消选区 > 选择添加图层样式 > 选择浮雕 > 大小 50 为像素 > 其余不变。

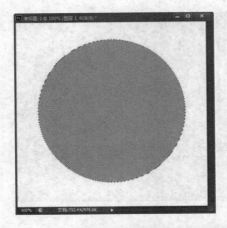

👑 显示标尺
Ctrl+R

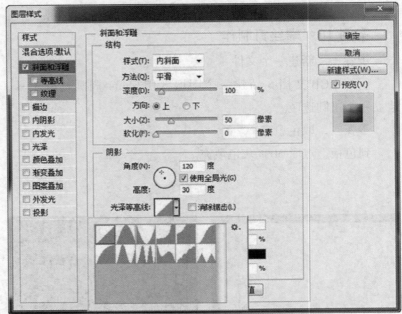

👑 锁定参考线
Ctrl+Alt+；

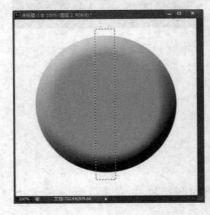

步骤四、制做凹槽

新建一图层 > 用矩形选区工具画一个竖长方形 > 用黑色填充。

步骤五、制做高光暗光

按方向键向右移动选区 8 个像素 > 用白色填充 > 再向回移动
4 个像素 > 用深灰色填充。

 关闭全部
Ctrl+Shift+W

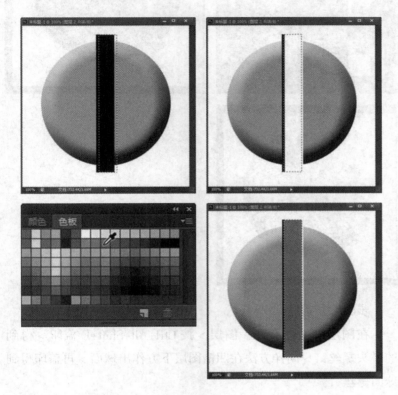

 目录 F1

步骤六、修边

旋转凹槽 > 按 Ctrl 点图层 1 > 载入第一步储存的选区 > 按
Ctrl+Shift+I 反转选区 > 到图层 2 按 Delete 键删除选择部分。

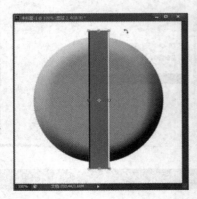 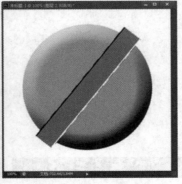

 矩形、椭圆
选框工具【M】

 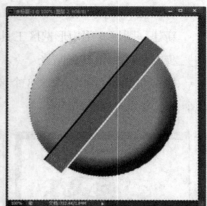

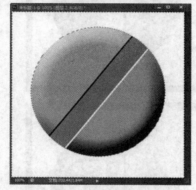

👑 裁剪工具
【C】

👑 移动工具
【V】

步骤七、盖印

在图层最上层新建一图层 > 按 Ctrl+Alt+Shift+E 盖印 > 得到的平头螺丝钉 > 同样方法在凹槽图层下方作出球面 > 再盖印得到球面螺丝钉。

👑 套索、多边形
套索、磁性套索
【L】

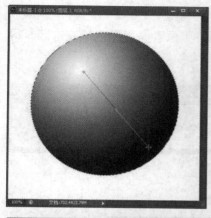

魔棒工具
【W】

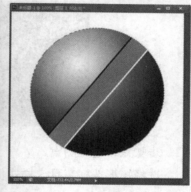

喷枪工具
【J】

案例 17　栅格线创建

步骤一、新建通道

新建一个文件 > 选择通道 > 创建一个新的通道 > 选择矩形选框工具 > 样式选 "固定大小" 选项 > 框出正方形 > 用白色填充。

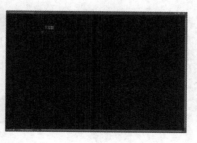

画笔工具
【B】

步骤二、画边框

选择 > 修改 > 收缩 > 收缩量：1 像素 > 用黑色填充选区 > 得到一个白色的方框。

👑 橡皮图章、
图案图章【S】

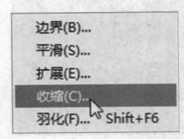

步骤三、定义图案

👑 历史记录
画笔工具【Y】

选择矩形选框工具 > 样式仍选"固定大小"选项 > 框出正方形 > 选择编辑 > 定义图案

👑 橡皮擦工具
【E】

步骤四、填充图案

按下 Ctrl+d 取消选区 > 然后再新建一个通道 > 选择油漆桶工具 > 选择图案填充。

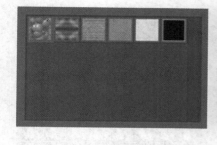 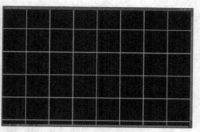

 铅笔、直线
工具【N】

步骤五、栅格线

打开一张图片 > 载入栅格线选区 > 填充黑色。

步骤六、其他效果

同样方法可以做出很多图形效果。

模糊、锐化、
涂抹工具【R】

减淡、加深、
海绵工具【O】

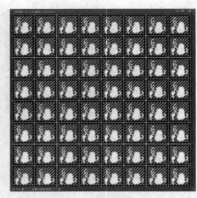

钢笔、自由
钢笔、磁性钢笔【P】

添加锚点
工具【+】

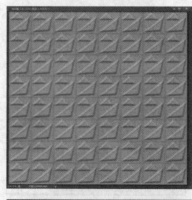

删除锚点
工具【-】

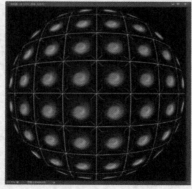

案例 18　金属链条

步骤一、绘制正圆

新建一背景色为白色的文档 > 打开视图 > 标尺 > 拉出水平和垂直两条参考线 > 新建一个图层 > 按 Shift+Alt+ 椭圆选取工具 > 以两条参考线交点为圆心，绘制一正圆 > 点开渐变编辑工具 > 黑白黑设置渐变。

👑 直接选取
工具【A】

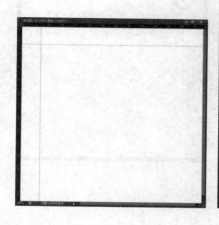

👑 文字、文字蒙
版、直排文字、直排
文字蒙版
【T】

步骤二、使用渐变

按住 Shift 键 > 从圆的中心向圆的边缘绘制径向渐变 > 用矩形选框框选圆的下半部分。

👑 度量工具
【U】

步骤三、拉伸度效果

按 Ctrl+Alt+↓ 键 > 拖拉复制所选区域 > 绘制一个矩形 > 选中圆的上半部分 > 按 Ctrl+Alt+↑ 键 > 向上拖拉复制所选区域少许，以保持图形色泽一致。

👑 直线渐变、径
向渐变、对称渐变、
角度渐变、
菱形渐变【G】

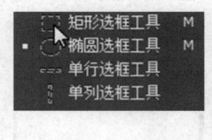 

步骤四、拉伸宽度效果

👑 油漆桶工具
【K】

绘制一矩形 > 选中图形的右半部分 > 按 Ctrl+Alt+ →键 > 拖拉复制所选区域 > 再绘制一个矩形 > 选图形的左半部分 > 按 Ctrl+Alt+ ←键 > 向左拖拉复制所选区域少许，以保持图形色泽一致 > 撤销选择。

步骤五、中间掏空

选用魔术棒工具 > 点选图形中央黑色部分 > 按 Del 键删除选择区域。

👑 吸管、颜色
取样器【I】

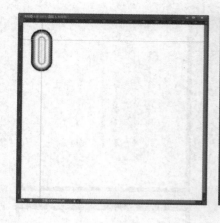
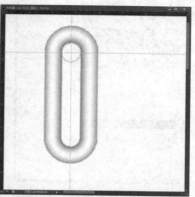

抓手工具
【H】

步骤六、球体渐变

新建一图层 > 绘制一正圆 > 选中渐变工具的黑白径向渐变。

步骤七、复制调整图层

同样方法拖拉复制 > 移动其位置 > 复制层 > 调整图形位置 > 组合成金属链。

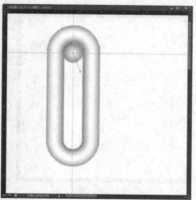

缩放工具
【Z】

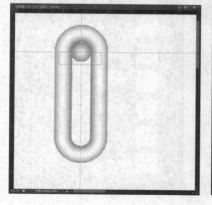
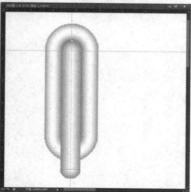

默认前景色和
背景色【D】

👑 切换前景色和
背景色【X】

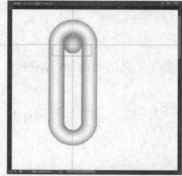

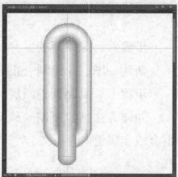

👑 切换标准模式
和快速蒙版模式
【Q】

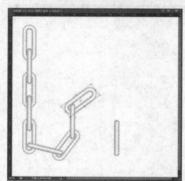

👑 标准屏幕模
式、带有菜单栏的全
屏模式、全屏模式
【F】

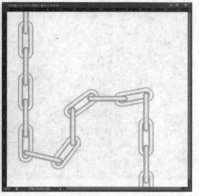

♛ 临时使用移动
工具【Ctrl】

步骤八、添加杂色

将各图形层合并为一层 > 执行滤镜 > 杂色 > 添加杂色 > 改变
金属链条的材质。

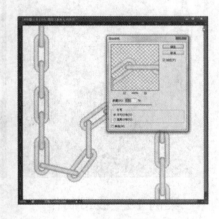

♛ 临时使用吸色
工具【Alt】

步骤九、曲线调整

选择调整 > 曲线

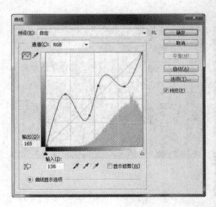

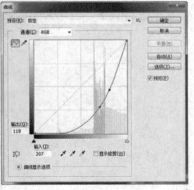

♛ 临时使用抓手
工具【空格】

打开工具选项
面板【Enter】

步骤十、阴影效果

执行图层样式 > 投影 > 为金属链条做一层阴影 > 调整阴影效果 > 将背景改成金属材质。

快速输入工具
选项（当前工具选
项面板中至少有一
个可调节数字）：
【0】至【9】

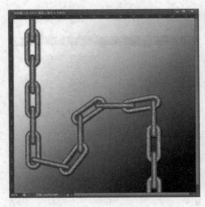
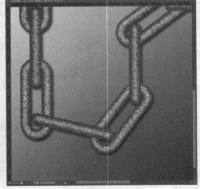

案例 19　钱币制作

步骤一、新建文件

新建一个文档 > 打开视图 > 标尺 > 画一十字 > 选择椭圆工具 > 按 Shift+Alt 在十字中心拉出正圆选区。

循环选择画笔
【[】或【]】

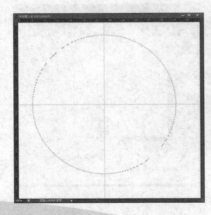
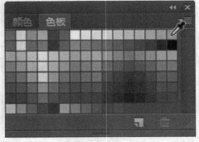

步骤二、底面填充

新建一个图层 > 用"编辑 > 填充 > 使用 50% 灰色 > 填充被选中的正圆部分。

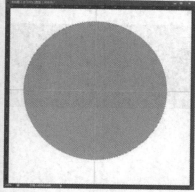

👑 选择第一个
画笔【Shift】+【[】

步骤三、描边外环

不要取消选区 > 建一个图层 > 编辑 > 描边 > 设置线条的宽度 10 像素 > 位置居内 > 隐藏正圆图层。

👑 选择最后一个
画笔【Shift】+【]】

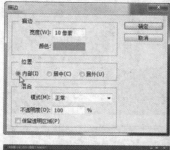

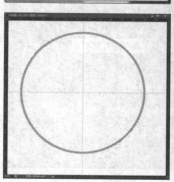

👑 建立新渐变
（在"渐变编辑器"中）
【Ctrl】+【N】

步骤四、写数字

用文字工具写上 3 > 调整大小 > 分别写 "SANJIAO" 和 "角" > 放置到适合位置 > 合并文字层 > 为方便可将用到的图层更名，图层显示窗口上色。

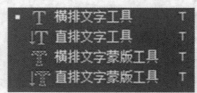

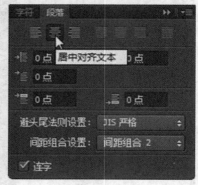

打开为 ...
【Ctrl】＋【Alt】＋【O】

步骤五、路径文字

选择路径工具 > 椭圆工具按 Shift+Alt 在十字中心拉出一个到圆环内径的正圆路径 > 文字工具 > 路径文字 > 写"中国人民银行"。

同理写出路径文字 > "2014"并调整大小。

关闭当前图像
【Ctrl】＋【W】

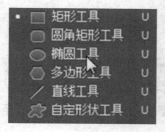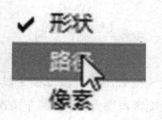

保存当前图像
【Ctrl】＋【S】

👑 另存为 ...
【Ctrl】+【Shift】+【S】

👑 存储副本
【Ctrl】+【Alt】+【S】

步骤六、制作点圆

新建一个图层 > 选 3 像素软笔刷 > 在圆环上方 12 点处点一笔 > 按 Ctrl+T 自由变换工具 > 将旋转中心点移到十字中心 > 设置旋转角度为 15° > 回车两次 > 不停按 Ctrl+Alt+Shift+T > 直至小点均布于圆环四周 > 完成。

步骤七、增加点圆密度

按 Ctrl+T 自由变换工具 > 设置旋转角度为 5° > 直至小点均布于圆环四周。

👑 页面设置
【Ctrl】+【Shift】+【P】

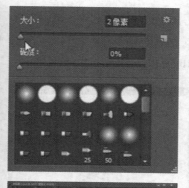

👑 打印
【Ctrl】+【P】

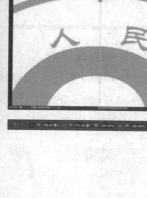

👑 打开"预置"
对话框
【Ctrl】+【K】

步骤八、合并链接图层（有选区就不用）

将所有小点图层链接 > 按 Ctrl+E > 合并各层。

👑 显示最后一次显
示的"预置"对话框
【Alt】+【Ctrl】+【K】

步骤九、制作空心数字

调整好数字 3 > 载入选区 > 新建图层 > 编辑 > 描边 > 设置线条的宽度 5 像素 > 位置居外。

步骤十、制作栅格线

新建 1*10 透明文件 > 选取 1*5 像素选区 > 使用 50% 灰色 > 填充 > Ctrl+A 全选 > 选择编辑 > 定义图案 > 关闭文件 > 载入数字 3 选区 > 油漆桶工具 > 图案 > 确定。

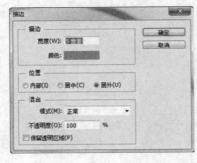 

 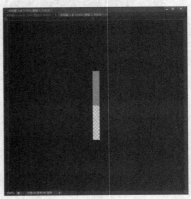

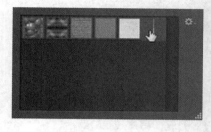

👑 设置"透明区域与色域"（在预置对话框中）

【Ctrl】+【4】

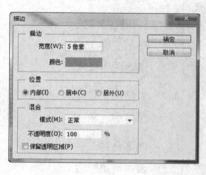

👑 设置"单位与标尺"（在预置对话框中）

【Ctrl】+【5】

步骤十一、浮雕外环

打开图层旁边的所有眼睛 > 选中外环图层 > 选择图层样式 > 浮雕 > 外斜面 > 雕刻清晰 > 大小 5 > 复制图层样式。

步骤十二、空心数字浮雕

选中空心数字图层 > 粘贴图层样式。

步骤十三、路径文字浮雕

选择图层样式 > 浮雕 > 外斜面 > 雕刻清晰 > 大小为 2 > 复制图层样式。

步骤十四、点圆浮雕

双击点圆图层 > 粘贴图层样式。

👑 设置"参考线与网格"（在预置对话框中）

【Ctrl】+【6】

混合选项...

斜面和浮雕...

描边...

内阴影...

内发光...

光泽...

颜色叠加...

渐变叠加...

图案叠加...

外发光...

投影...

混合选项...

编辑调整...

复制图层...

删除图层

转换为智能对象

栅格化图层

栅格化图层样式

启用图层蒙版

停用矢量蒙版

创建剪贴蒙版

链接图层

选择链接图层

拷贝图层样式

粘贴图层样式

清除图层样式

复制形状属性

粘贴形状属性

向下合并

合并可见图层

拼合图像

无颜色

红色

橙色

黄色

绿色

蓝色

紫色

灰色

设置"增效工
具与暂存盘"
（在预置对话框中）
【Ctrl】+【7】

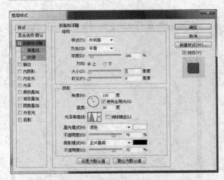

设置"内存与
图像高速缓存"
（在预置对话框中）
【Ctrl】+【8】

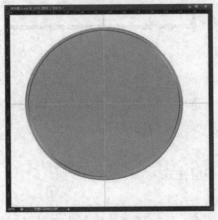

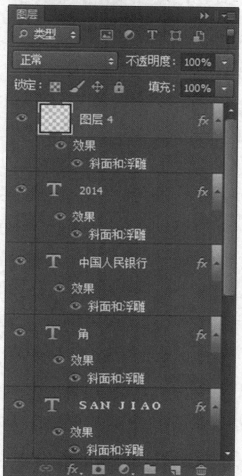

👑 还原／重做
前一步操作
【Ctrl】＋【Z】

👑 还原两步以上
操作
【Ctrl】＋【Alt】＋【Z】

👑 重做两步以上
　　操作
【Ctrl】+【Shift】+【Z】

👑 剪切选取的
　　图像或路径
【Ctrl】+【X】或【F2】

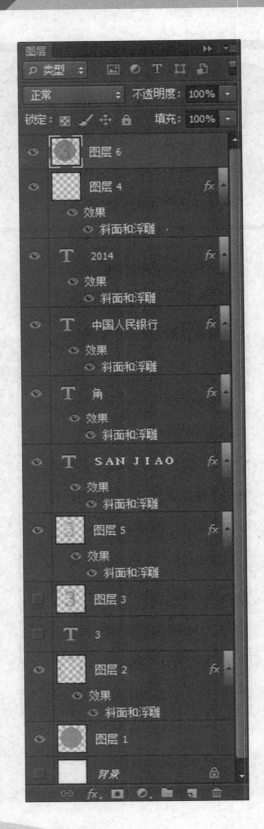

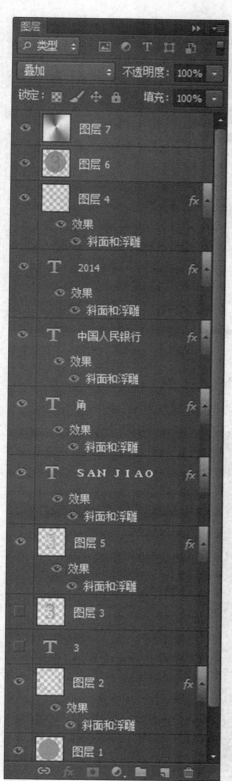

 拷贝选取的
图像或路径
【Ctrl】+【C】

 合并拷贝
【Ctrl】+【Shift】+【C】

♕ 将剪贴板的内
容粘到当前图形中
【Ctrl】+【V】或【F4】

♕ 将剪贴板的
内容粘到选框中
【Ctrl】+【Shift】+【V】

步骤十五、盖印图层

链接除背景层外的所有图层 > 在最上导图层新建一图层 > 按 Ctrl+Alt+Shift+E 盖印 > 产生我们制作好的钱币雏形。

案例 20　画中画效果

步骤一、设置渐变

新建一个文件 > 用矩形工具拖出一个选区 > 选择渐变 > 打开渐变编辑器设置参数 > 在新建图层填充径向渐变。

步骤二、收缩选区

选择 > 修改 > 收缩 20 像素。

步骤三、设置图层样式

编辑 > 变换 > 反转后得到反向渐变 > 删除选区内部。在图层面板单击添加图层样式——浮雕 > 设置相应参数 > 确定后出现浮雕效果。

👑 自由变换
【Ctrl】+【T】

👑 应用自由变换
（在自由变换模式下）
【Enter】

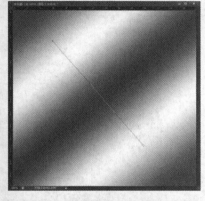

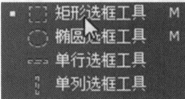

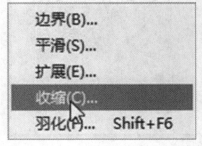

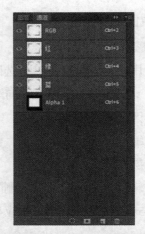

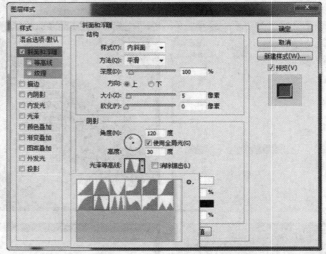

从中心或对称
点开始变换
（在自由变换模式下）
【Alt】

限制
（在自由变换模式下）
【Shift】

步骤四、作出画框

打开一个图像文件 > 选用移动工具将图移入相框内 > 合并图层 > 按图像 > 复制。选编辑 > 变换 > 缩放 > 拉出一个小的图像。

扭曲
（在自由变换模式下）
【Ctrl】

步骤五、调整图形位置

　　选用移动工具将小图像拖至大图像中 > 根据需要删除多余部分 > 再编辑 > 变换 > 扭曲 > 拉成合适的形状放在适当位置 > 形成画中画效果。

取消变形
（在自由变换模式下）
【Esc】

自由变换复制
的像素数据
【Ctrl】＋【Shift】＋【T】

再次变换复制的像素数据并建立一个副本
【Ctrl】+【Shift】+【Alt】+【T】

案例 21　邮票制作

步骤一、邮票内容

打开一图片文件 > 选择图像 > 画布大小 > 将画布尺寸扩大若干像素。

删除选框中的图案或选取的路径
【Del】

步骤二、制作白边

在图片层下新建一层 > 填充白色 > 合并图层 > 选择此图像所在的选区 > Ctrl+J 提取像素 > 单独建立一个背景层。

用背景色填充所选区域或整个图层
【Ctrl】+【BackSpace】或【Ctrl】+【Del】

用前景色填充
所选区域或整个图层
【Alt】+【BackSpace】
或【Alt】+【Del】

步骤三、转换路径

载入白边图层选区 > 并将选区转换为路径。

步骤四、设置画笔

选择橡皮工具 > 打开画笔调板 > 单击右上角的小三角 > 在弹出的下拉菜单中选择"新画笔"命令 > 在对话框中设置好直径和间距。

弹出〝填充〞
对话框
【Shift】+【BackSpace】

 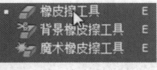

从历史记录中
填充
【Alt】+【Ctrl】+
【Backspace】

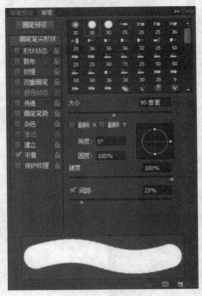

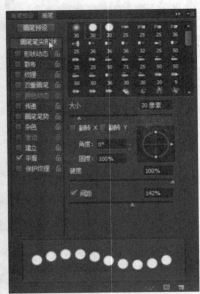

👑 调整色阶
【Ctrl】+【L】

👑 自动调整色阶
【Ctrl】+【Shift】+【L】

步骤五、画出锯齿

选择橡皮工具 > 在橡皮擦选项板中选择刚才新建的画笔 > 在路径板中单击"用画笔描边路径"按钮。

步骤六、输入文字

在邮票上写上"中国邮政""80分"等内容。

步骤七、设置阴影

单击邮票图层 > 选择图层样式 > 投影 > 调整参数。

步骤八、完成制作

👑 打开曲线调整
对话框
【Ctrl】+【M】

案例 22　铅笔头

步骤一、新建文件

新建一个图像文件 > 命名为铅笔头 > 在画布上画细条矩形。

取消选择所选
通道上的所有点
（"曲线"对话框中）
【Ctrl】+【D】

打开"色彩
平衡"对话框
【Ctrl】+【B】

打开"色相／
饱和度"对话框
【Ctrl】+【U】

步骤二、金属渐变

用矩形选框工具建立矩形选区 > 选择渐变工具 > 打开渐变编
辑器对话框 > 选择金属渐变样式。

步骤三、拉出渐变

新建一个图层 > 按 Shift 拉一个水平渐变填充选区。

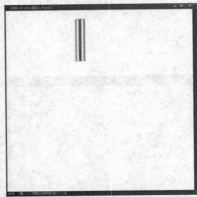

步骤四、柱体变锥体

选择编辑 > 变换 > 透视 > 将选区调整为一个等腰三角形。

步骤五、圆台选区

按住 Alt 键 > 使用矩形选框工具将当前选区的上半部分去掉 >
选择渐变工具前景到背景。

步骤六、渐变填充

适当调整笔尖比例 > 按 Shift 键拉一个水平渐变填充选区 > 按 Ctrl+D 取消选区。

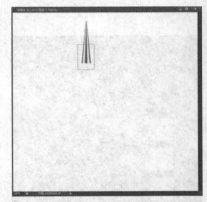

只调整绿色
（在色相／饱和度对
话框中）
【Ctrl】＋【3】

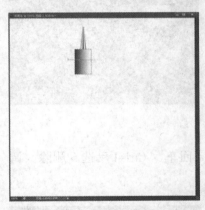

只调整青色
（在色相／饱和度对
话框中）
【Ctrl】＋【4】

只调整蓝色
（在色相／饱和度对
话框中）
【Ctrl】＋【5】

步骤七、填充笔杆

新建笔杆图层 > 并将笔杆图层置于笔尖图层的下方 > 使用矩形选框工具 > 建立选区 > 并使用浅绿色、绿色、深绿色分别填充选区。

👑 只调整洋红
（在色相／饱和度对话框中）
【Ctrl】+【6】

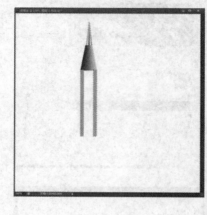

👑 去色
【Ctrl】+【Shift】+【U】

步骤八、笔杆棱角

用钢笔工具勾出棱角 > Ctrl+ 回车 > Ctrl+I 反选 > 删除 > 调整笔杆位置。

👑 反相
【Ctrl】+【I】

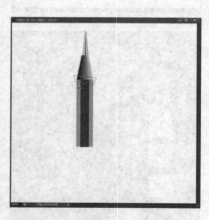

步骤九、添加杂色

将笔尖和笔杆图层合并 > 选择滤镜 > 杂色 > 添加杂色 > 分布设为平均分布 > 单色。

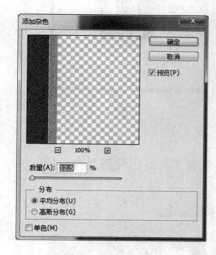

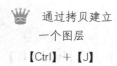 从对话框新建
一个图层
【Ctrl】+【Shift】+【N】

步骤十、修饰

按 Ctrl+D 快捷键取消选区 > 选择图层样式 > 投影 > 参数默认 > 创建新调整图层曲线 > 修饰最终效果。

以默认选项建
立一个新的图层
【Ctrl】+【Alt】+【Shift】
+【N】

通过拷贝建立
一个图层
【Ctrl】+【J】

通过剪切建立
一个图层
【Ctrl】+【Shift】+【J】

案例 23　几何体

步骤一、制作圆柱

1. 新建一文件 > 新建图层 > 选区工具 > 用椭圆工具 > 拖出一椭圆 > 填充 > 并复制一层。

2. 按 Ctrl+Alt+ 下 > 形成一柱形区域。

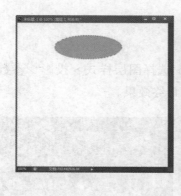 

与前一图层编
组【Ctrl】+【G】

取消编组
【Ctrl】+【Shift】+【G】

3. 载入选区 > 选择渐变 > 金属渐变。

向下合并或合
并连接图层
【Ctrl】＋【E】

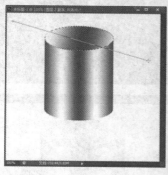

合并可见图层
【Ctrl】＋【Shift】＋【E】

4. 选择上一椭圆选区 > 渐变 > 黑白渐变 > 圆柱完成。

5. 制作阴影 > 合并圆柱图层 > 载入选区 > 羽化若干像素 > 填充黑色 > Ctrl+T > 扭曲 > 调整出阴影。

盖印或盖印
连接图层
【Ctrl】＋【Alt】＋【E】

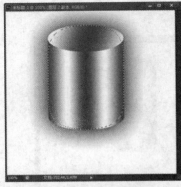

👑 盖印可见图层
【Ctrl】+【Alt】+【Shift】
+【E】

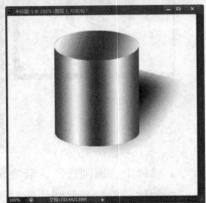

| 自由变换 |
| 缩放 |
| 旋转 |
| 斜切 |
| 扭曲 |
| 透视 |
| 变形 |
| 内容识别比例 |
| 操控变形 |
| 旋转 180 度 |
| 旋转 90 度(顺时针) |
| 旋转 90 度(逆时针) |
| 水平翻转 |
| 垂直翻转 |

👑 将当前层下移
一层
【Ctrl】+【[】

👑 将当前层上移
一层
【Ctrl】+【]】

步骤二、圆锥

①用矩形选框工具拖出一矩形选区 > 选渐变工具 > 属渐变 >
渐变填充。

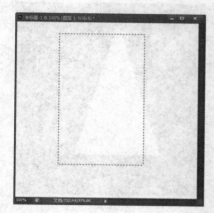

👑 将当前层移到
　　最下面
【Ctrl】+【Shift】+【[】

② Ctrl+T 变换 > 透视 > 将矩形上边的三个点重合 > 得到三
角形选区。

👑 将当前层移到
　　最上面
【Ctrl】+【Shift】+【]】

👑 激活下一个图
　　层【Alt】+【[】

③将三角形选区存储为通道 > 选择椭圆工具在三角形底部拖出与两边相切的椭圆 > 将椭圆选区存储为通道。

👑 激活上一个图层【Alt】+【]】

👑 激活底部图层【Shift】+【Alt】+【[】

④过椭圆两切点画一个矩形选区 > 存储为通道。

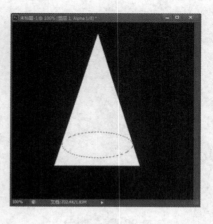

👑 激活顶部图层【Shift】+【Alt】+【]】

⑤ Ctrl+ 矩形通道 > Alt+ 椭圆通道 > 得到相减区域选区。

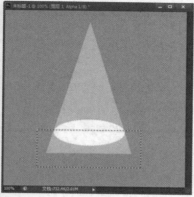

👑　调整当前图层
的透明度（当前工
具为无数字参数的，
如移动工具）
【0】至【9】

👑　保留当前图层
的透明区域
（开关）【/】

👑　投影效果
（在"效果"对话框中）
【Ctrl】＋【1】

⑥ Ctrl+ 三角形选区 > Alt+ 相减区域选区 > 得到圆锥选区。

内阴影效果
（在"效果"对话框中）
【Ctrl】＋【2】

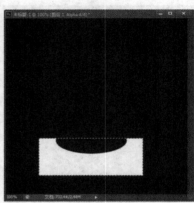

外发光效果
（在"效果"对话框中）
【Ctrl】＋【3】

内发光效果
（在"效果"对话框中）
【Ctrl】＋【4】

⑦回到图层 > Ctrl+Shift+I 反选 > 删除 > 得到圆锥 > 复制一层备用。

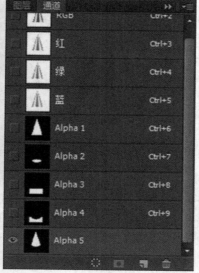

斜面和浮雕效果（在"效果"对话框中）

【Ctrl】＋【5】

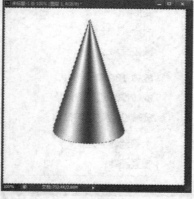

应用当前所选效果并使参数可调（在"效果"对话框中）

【A】

⑧制作阴影 > 合并圆锥图层 > 载入选区 > 羽化若干像素 > 填充黑色 > Ctrl+T > 扭曲 > 调整出阴影。

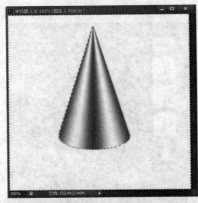 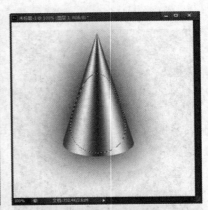

👑 循环选择
混合模式
【Alt】+【-】或【+】

👑 正常
【Ctrl】+【Alt】+【N】

自由变换

缩放
旋转
斜切
扭曲
透视
变形
内容识别比例
操控变形

旋转 180 度
旋转 90 度(顺时针)
旋转 90 度(逆时针)

水平翻转
垂直翻转

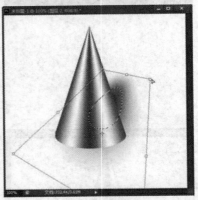

👑 阈值
(位图模式)
【Ctrl】+【Alt】+【L】

步骤三、圆台

①选择复制一层备用圆锥图层 > 用矩形工具削去圆锥尖（删除矩形选区内像素）> 椭圆工具 > 拉出一与两边相切的椭圆 > 选择渐变 > 得到圆台。

👑 溶解
【Ctrl】+【Alt】+【I】

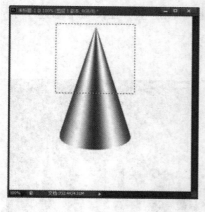

👑 背后
【Ctrl】+【Alt】+【Q】

👑 清除
【Ctrl】+【Alt】+【R】

②制作阴影 > 合并圆台图层 > 载入选区 > 羽化若干像素 > 填充黑色 > Ctrl+T > 扭曲，调整出阴影。

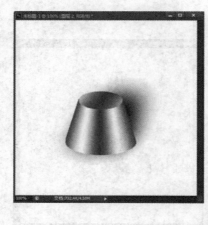

正片叠底
【Ctrl】+【Alt】+【M】

③将三个几何体缩放调整到同一图层上 > 在图层下新建一个图层 > 做渐变填充当作背景。

屏幕
【Ctrl】+【Alt】+【S】

叠加
【Ctrl】+【Alt】+【O】

步骤四、长方体

新建一图层 > 标尺 > 拉出若干参考线 > 分别用多边形套索工具拉出平行四边形选区填充即可。

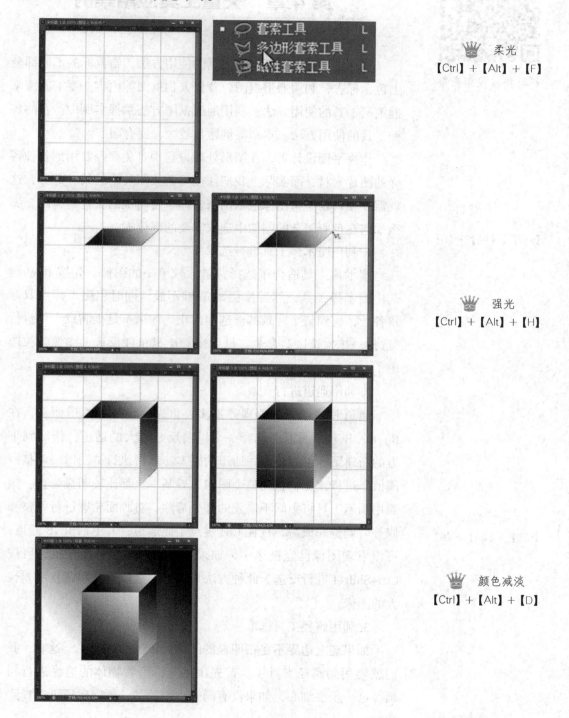

柔光
【Ctrl】+【Alt】+【F】

强光
【Ctrl】+【Alt】+【H】

颜色减淡
【Ctrl】+【Alt】+【D】

扫码获取视频资料

★ 颜色加深
【Ctrl】＋【Alt】＋【B】

★ 变暗
【Ctrl】＋【Alt】＋【K】

Photoshop 中文版

第 4 章　矢量工具应用案例

　　本章主要内容包括钢笔工具的使用方法，给鼠标的不同部分上色、标志，利用通道抠图，背景人物抠图等内容。要求熟练掌握钢笔工具的使用方法；利用通道抠图方法掌握实例中涉及的各种工具的使用方法。本章案例题目较大，要有耐心。

　　作为平面设计者，在图形处理过程中难免要经常用到各种各样的图片素材，而实际上我们往往只需要图片中的某一部分，这就需要在背景中将图像选取出来，即平常所说的去背、抠图。那么如何在色彩繁杂的图像中选取需要的部分呢？

　　1. 利用魔术棒工具进行选取

　　魔术棒工具适合于选择背景比较单一的图像。先按下 W 键选中魔术棒工具，然后按住 Shift 键不放，同时用魔术棒点取背景各处，直到整个背景都被选中为止。如果不是很满意，可执行"选择→扩大选区"命令，最后按 Ctrl+Shift+I 反选，图像就被选中了。

　　2. 利用通道进行选取

　　通道和魔术棒的原理差不多。首先，切换到通道面板，在 R、G、B 三个通道中选择一个黑白反差较大的通道，拖动到下方的新建图标上。建立一通道的副本。然后执行"图像→调整→阈值"进行调整，直到整个图像边界基本上都比较明显为止。接着用画笔工具将中间不需要的部分清除，对画面轮廓进行调整和修补。调整完成后，按住 Ctrl 键点击此通道，并返回 RGB 通道，可以发现图像已经被选中，如果选择的对象和选区相反，可按 Ctrl+Shift+I 进行反选。此种方法只适合于选取前景和背景反差较大的图像。

　　3. 利用路径工具选取

　　如果遇上边界不是很明显的图像，该怎么处理呢？这时，我们就要用到路径工具了。首先用钢笔，沿着物体的边缘进行勾画。这一步要细心，如果没有画好也没关系，画完后还可选择路径工具组中的其他工具进行修改。勾画满意后，可以将路径转换为选区。

4. 钢笔工具

钢笔工具用于生成锚点。磁性钢笔工具用于智能性地沿边界生成路径。自由钢笔工具用于随手自由地生成路径。添加锚点工具可用于在路径上增加锚点。删除锚点工具可用于删除锚点。直接选择工具可用于选择锚点、路径、路径段和方向线上的柄。转换点工具可用于转换锚点的性质。

★ 变亮
【Ctrl】+【Alt】+【G】

5. 小窍门

可先用磁性钢笔沿着边缘勾画，可看到有一条线附着在物体轮廓上，而且这条线会自动查找并贴紧物体边缘，如果有些地方没有贴紧也没关系，待画完一圈将路径封闭后还可用路径工具进行修改。然后再按前面的方法将路径转换成选区，可以选中图像。

6. 用快速蒙版选取

快速蒙版位于工具栏的下方，共有两个按钮。左边的是正常模式，右边的是快速蒙版模式。按下 Q 键切换到快速蒙版模式后，发现调色板变成了黑白两种颜色。选用黑色，用一支合适的画笔将物体涂满，这时可看到物体被一层淡红色的遮罩所覆盖。如果不小心涂到外面，还可用白色画笔涂抹或用橡皮工具擦除。待整个物体被红色所覆盖时，再按 Q 返回到正常模式，此时会发现物体被自动选中，如果需要选择的是和选区相反的物体的图像，执行反选即可。这里也可像路径工具一样，先用磁性选择工具沿着物体边缘进行勾画，然后切换到快速遮罩工具进行修改，就可得到满意的选区。

★ 差值
【Ctrl】+【Alt】+【E】

7. 用第三方插件进行选取

用 Photoshop 抠图操作较烦琐，对复杂图像的选取（如玻璃、毛发、云雾等物体），质量不够理想，这时就需要用到外部插件。

★ 排除
【Ctrl】+【Alt】+【X】

案例 24　钢笔工具使用方法

步骤一、绘制一个简单的路径

新建一白色背景的 RGB 文件 > 选择视图 > 满画布显示 > 在工具栏选择钢笔工具（快捷键 P）> 第一种绘图方式是形状图层选择 > 第二种绘图方式是单纯路径 > 第三种绘图方式是填充像素 > 选择第二种。

★ 色相
【Ctrl】+【Alt】+【U】

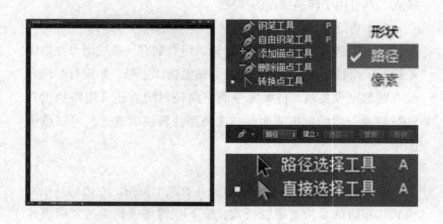

★ 饱和度
【Ctrl】+【Alt】+【T】

步骤二、与 Shift 结合使用

用钢笔在画面中单击 > 击中的点之间有线段相连 > 如果按住 Shift 键可以让所绘制的点与上一个点保持 45°整数倍夹角 > 切换到路径面板 > 将刚才所画路径拖到删除按钮。

★ 颜色
【Ctrl】+【Alt】+【C】

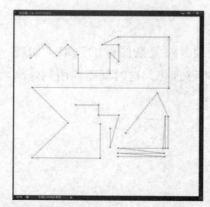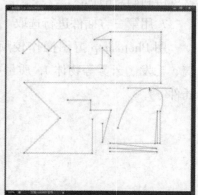

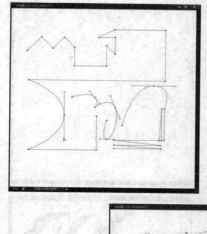

★ 光度
【Ctrl】+【Alt】+【Y】

★ 去色海绵工具
+【Ctrl】+【Alt】+【J】

步骤三、曲线画法

在起点按下鼠标之后不要松手 > 拖动出一条向上的方向线后放手 > 然后在第二个锚点拖动出一条向下的方向线 > 以此类推 > 画出类似图示的路径 > 在绘制出第二个及之后的锚点并拖动方向线时 > 曲线的形态也随之改变。

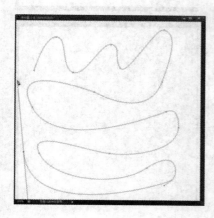

★ 加色海绵工具
+【Ctrl】+【Alt】+【A】

★ 暗调减淡／加
深工具+【Ctrl】+【Alt】
+【W】

★ 中间调减淡／
加深工具+
【Ctrl】+【Alt】+【V】

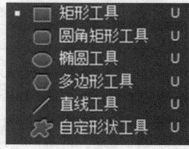

▢ 矩形工具	U
▢ 圆角矩形工具	U
▢ 椭圆工具	U
⬡ 多边形工具	U
╱ 直线工具	U
✦ 自定形状工具	U

★ 高光减淡／加
深工具+【Ctrl】+【Alt】
+【Z】

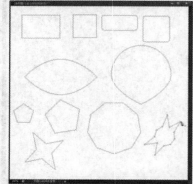

步骤四、直接选择工具

在工具栏上选择直接选择工具 > 将空心箭头指向锚点 > 指向线段移动 > 观察曲线变化。

步骤五、转换点工具

在工具栏上选择转换点工具 > 该工具用来修改方向线 > 方向线末端有一个小圆点 > 这个圆点称为"手柄" > 要点击手柄位置才可以改变方向线。

★ 全部选取
【Ctrl】+【A】

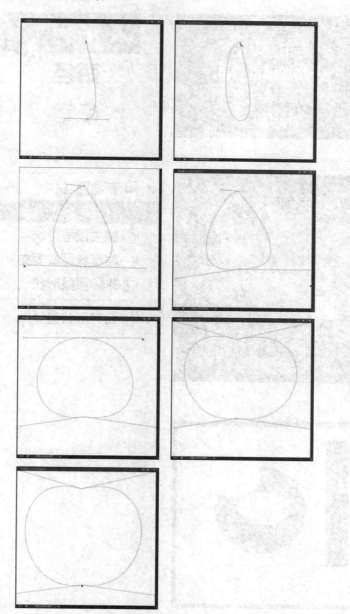

★ 取消选择
【Ctrl】+【D】

★ 重新选择
【Ctrl】+【Shift】+【D】

步骤六、删除路径

切换到路径面板 > 删除刚才所画路径 > 选择钢笔工具 > 用两点封闭图形。

步骤七、锚点调整

选择转换点工具 > 分别调整上下两个锚点 > 选择直接选择工具，分别调整锚点位置和曲线形状。

★ 羽化选择
【Ctrl】+【Alt】+【D】

★ 反向选择
【Ctrl】+【Shift】+【I】

★ 路径变选区
数字键盘的【Enter】

步骤八、形状图层

删除刚才所画路径 > 第一种绘图方式形状图层 > 注意样式要关闭 > 选择一个颜色作为填充色 > 使用增加锚点工具增加 4 个锚点 > 再将一些锚点向上移动，观察形状变化。

步骤九、自定义形状

删除刚才所画形状 > 选择自定义形状工具 > 使用从形状相加减 > 对齐。

★ 载入选区【Ctrl】+ 点按图层、路径、通道面板中的缩略图

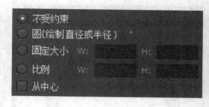

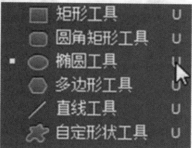

★ 按上次的参数再做一次上次的滤镜【Ctrl】+【F】

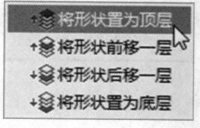
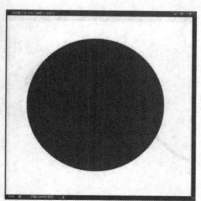

★ 退去上次所做滤镜的效果【Ctrl】+【Shift】+【F】

113

★ 重复上次所做
的滤镜（可调参数）
【Ctrl】＋【Alt】＋【F】

★ 选择工具（在
"3D变化"滤镜中）
【V】

案例 25　给鼠标不同部分上色

步骤一、选取素材

打开一张鼠标图片 > 双击背景层变为普通层。

★ 立方体工具
（在"3D变化"滤镜中）
【M】

步骤二、钢笔勾画轮廓

选择钢笔工具 > 粗略勾画出鼠标上面部分 > 选择直接选择
工具调整线段和锚点位置。

 球体工具
（在"3D变化"滤镜中）
【N】

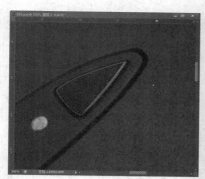
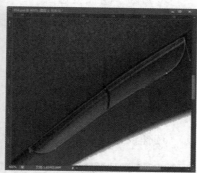

★ 柱体工具
（在"3D变化"滤镜中）
【C】

★ 轨迹球
（在"3D变化"滤镜中）
【R】

步骤三、添加或删除锚点工具

锚点过多不光滑 > 用添加或删除锚点工具和转换点工具调整。

切换到路径面板 > 双击刚才所建的路径 > 给路径命名为"上面" > 新建路径。

用同样方法勾画出左侧面 > 右侧面及中间部分。

★ 全景相机工具
（在"3D变化"滤镜中）
【E】

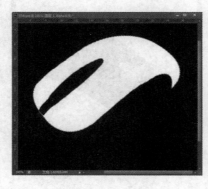

步骤四、路径变选区

选择路径面板 > 点"将路径作为选区载入"按钮 > 回到图层面板 > 新建一个图层。

步骤五、上色

在色板上选黄色填充。

步骤六、叠加模式

选择设置图层混合模式 > 选择叠加。

★ 显示彩色通道
【Ctrl】 + 【~】

★ 显示单色通道
【Ctrl】 + 【数字】

步骤七、侧面填色

同样方法 > 选择左侧面 > 右侧面填充绿色 > 选择中间 >Ctrl+回车变为选区 > 将图层 1 中选区内容删除。

选择图层 3> 选取一种颜色填充 > 再将图层的混合模式设置为叠加。

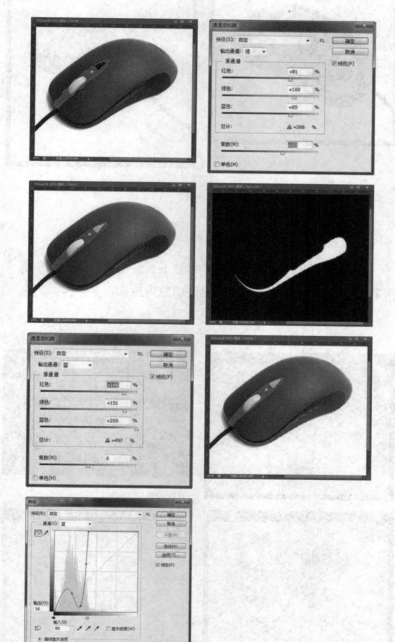

★ 显示复合通道
【~】

★ 以 CMYK 方式
预览（开关）
【Ctrl】+【Y】

★ 打开／关闭
色域警告
【Ctrl】+【Shift】+【Y】

步骤八、描边

为真实可信分别将上面和中间描边处理。

案例 26　抠玻璃瓶

步骤一、选择玻璃瓶素材

打开玻璃瓶素材文件 > 选择钢笔工具 > 勾出玻璃瓶外轮廓 > 钢笔工具 > 选择椭圆工具 > 勾出玻璃瓶内轮廓。

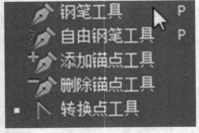

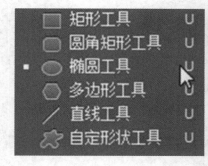

★　实际像素显示
【Ctrl】+【Alt】+【0】

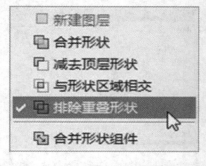

★　向上卷动一屏
【PageUp】

★　向下卷动一屏
【PageDown】

步骤二、合并路径

选择外轮廓为创建、内轮廓为相减 > 合并路径 >Ctrl+Enter
转换为选区 > 将选区存储到通道中。

步骤三、将玻璃瓶复制到通道中

在背景图层用选区选中玻璃瓶轮廓 > 复制 Ctrl+C > 粘贴
Ctrl+V 至 Alpha2 通道中。

★ 向左卷动一屏
【Ctrl】+【PageUp】

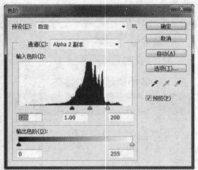

★ 向右卷动一屏
【Ctrl】+【PageDown】

★ 向上卷动
10 个单位
【Shift】+【PageUp】

步骤四、在通道中调整灰度

复制 Alpha2>Ctrl+L 点开色阶面板 > 调整玻璃瓶灰度 > 使其变暗。

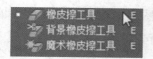

★　向下卷动
10 个单位
【Shift】+【PageDown】

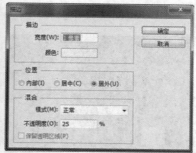

步骤五、用各种工具修整玻璃瓶灰度

选择吸管工具 > 选玻璃瓶深灰色部分 > 选择画笔工具 > 将玻璃瓶上下部分灰色调整均匀 > 选择橡皮擦工具 > 降低不透明度 > 放大橡皮擦直径 > 整体降低玻璃瓶灰度。

★　向左卷动
10 个单位
【Shift】+【Ctrl】+
【PageUp】

★　向右卷动
10 个单位
【Shift】+【Ctrl】+
【PageDown】

步骤六、调整玻璃瓶高光

用减淡工具 > 将玻璃瓶高光部分增白 > 载入外轮廓选区 > 描边白色。

步骤七、得到透明玻璃瓶

从通道中载入玻璃瓶选区 > 到图层面板 > 新建图层 > 填充白色 > 得到透明玻璃瓶 > 随便做一背景衬托 > 得到最终效果。

★ 将视图移到
左上角【Home】

★ 将视图移到
右下角【End】

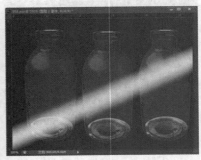

案例 27 标志制作

步骤一、按标志样式制作

建 800×800 像素白色背景文件 >Ctrl+R 调出标尺 > 将十字星放在中心。

★ 显示 / 隐藏
选择区域
【Ctrl】+【H】

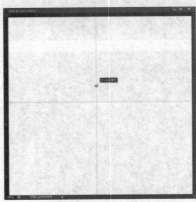

步骤二、路径合成

选择路径 > 椭圆 > 对齐十字星 > 按 Shift+Alt 以指定点为中心画正圆 > 打开路径面板 > 双击工作路径 > 将临时路径改为路径 1> 选中正圆按 Ctrl+C>Ctrl+V>Ctrl+T> 缩放 93%> 得到圆环 > 选择内外圆分别定义属性相减 > 合并,得到圆环路径 > 同理缩放 93% 将其放在路径 2、3 中。

★ 显示／隐藏路径
【Ctrl】+【Shift】+【H】

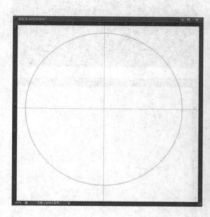

★ 显示／隐藏标尺
【Ctrl】+【R】

★ 显示／隐藏参
考线
【Ctrl】+【;】

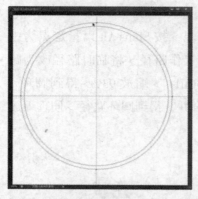

★ 显示／隐藏网格
【Ctrl】+【″】

★ 贴紧参考线
【Ctrl】+【Shift】+【;】

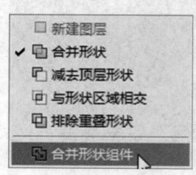

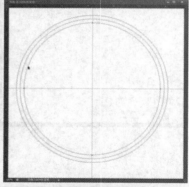

★ 锁定参考线
【Ctrl】+【Alt】+【;】

步骤三、路径修整一

选择路径 2> 画一矩形将圆分为两半 > 用直接选择工具框选上半圆 > 删除 > 选择下半圆环 > 画一与圆环宽度同高的矩形 > 合并成封闭的半圆环。

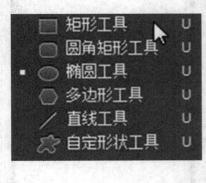
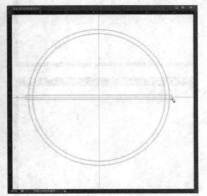

★ 贴紧网格
【Ctrl】+【Shift】+【″】

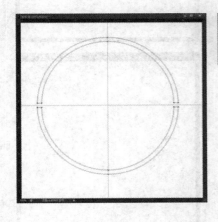

★ 显示／隐藏
"画笔"面板【F5】

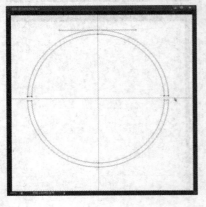
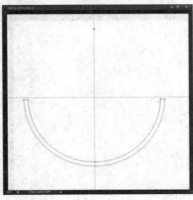

★ 显示／隐藏
"颜色"面板【F6】

★ 显示／隐藏
"图层"面板【F7】

★ 显示／隐藏
"信息"面板【F8】

★ 显示／隐藏
"动作"面板【F9】

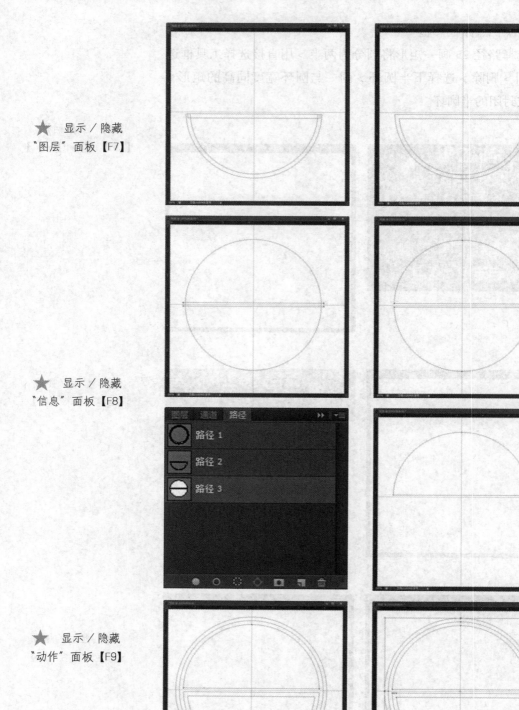

步骤四、路径修整二

选择路径 3> 画一矩形将圆分为两半 > 用直接选择工具框选下半圆 > 删除。

步骤五、组装标志

新建路径 4> 将路径 123 复制到路径 4 中 >Ctrl+T> 逆时针旋转 30° > 选择椭圆工具 > 画一长轴为半圆半径短轴四分之一的椭圆 >Ctrl+T 逆时针旋转 60° > 与上半圆相减 > 合并路径。

★ 显示／隐藏所有命令面板【TAB】

★ 显示或隐藏工具箱以外的所有调板【Shift】＋【TAB】

★ 在"文字工具"对话框中处理文字

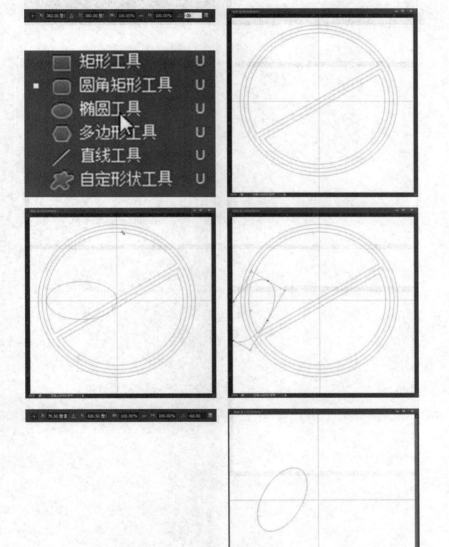

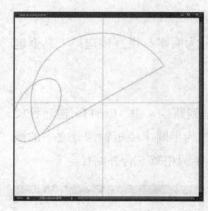

★ 左对齐或顶对齐
【Ctrl】+【Shift】+【L】

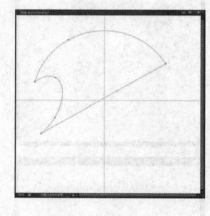

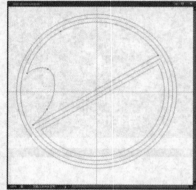

★ 中对齐
【Ctrl】+【Shift】+【C】

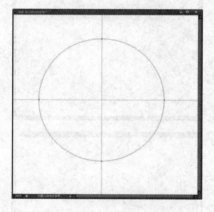

★ 右对齐或底对齐
【Ctrl】+【Shift】+【R】

步骤六、路径文字

画一小圆 > 选择文字工具 > 路径文字 1956 > 调整位置 > 将 1 对准十字线上。

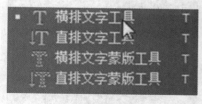

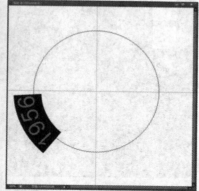

★ 左／右选择
1 个字符
【Shift】+【←】／【→】

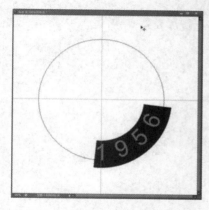

★ 下／上选择 1 行
【Shift】+【↑】／【↓】

步骤七、路径转选区

将路径转换为选区 > 点开通道面板 > 点按 "将选区保存为通道"。

★ 选择所有字符
【Ctrl】+【A】

★ 将所选本的文
字大小减小2点像素
【Ctrl】+【Shift】+【<】

★ 将所选文本的文
字大小增大2点像素
【Ctrl】+【Shift】+【>】

步骤八、制作出标志

使选区浮动 > 回到层面板新建一层以红色填充 > 选择图层
样式 > 浮雕 > 适当调整参数，得到最终效果。

★ 将所选文本的
文字大小减小
10点像素
【Ctrl】+【Alt】+【Shift】
+【<】

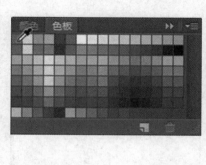

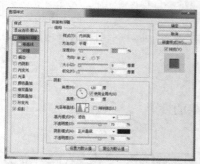

★ 将所选文本的
文字大小增大
10 点像素
【Ctrl】+【Alt】+【Shift】
+【>】

案例 28 水晶苹果

步骤一、作背景效果

建 800×800 像素的白色背景文件 > 点滤镜 > 渲染 > 光照效果到图示效果。

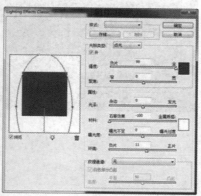

★ 将行距减小
2 点像素
【Alt】+【↓】

★ 将行距增大
2 点像素
【Alt】+【↑】

步骤二、画苹果

复制一个背景层 > 用"钢笔工具"画一个封闭图形 > 注意：
两个节点就够了。

步骤三、调整外形

用"转换点工具"修整出苹果的外形。

★ 将基线位移减
小 2 点像素
【Shift】+【Alt】+【↓】

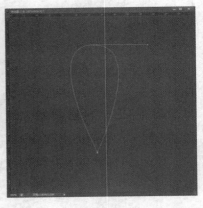

★ 将基线位移增
加 2 点像素
【Shift】+【Alt】+【↑】

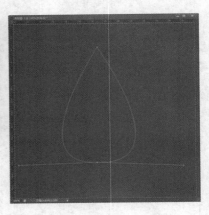

★ 将字距微调或
字距调整减小
20/1000ems
【Alt】+【←】

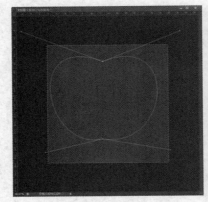
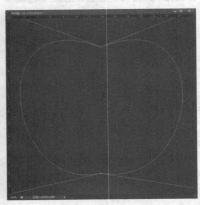

步骤四、保存选区

将路径转换为选区 > 点开通道面板 > 点按"将选区保存为通道"。

 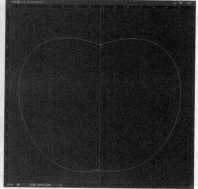

★ 将字距微调或
字距调整增加
20/1000ems
【Alt】+【→】

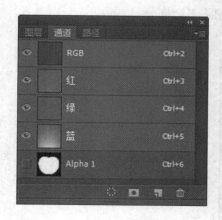

★ 将字距微调或
字距调整减小
100/1000ems
【Ctrl】+【Alt】+【←】

步骤五、调整对比度

选择图像 > 调整 > 亮度 / 对比度 > 衬托出苹果轮廓。

★ 将字距微调或
字距调整增加
100/1000ems
【Ctrl】+【Alt】+【→】

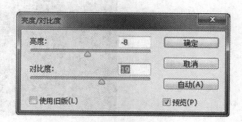

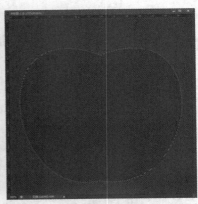

★ 选择通道中白
的像素
（包括半色调）
【Ctrl】+【Alt】+【1~9】

步骤六、勾画出高光选区

用套索工具 > 沿苹果轮廓的边缘做出选区 > 并设置羽化参
数 > 新建一个图层 > 用白色填充选区。

步骤七、删除多余部分

从通道中载入选区 > 反选删除多余部分。

边界(B)...
平滑(S)...
扩展(E)...
收缩(C)...
羽化(F)...   Shift+F6

★ MAC 版 PS 将
Ctrl 替换为 CMD 即可

羽化选区

羽化半径(R): 50   像素

确定
取消

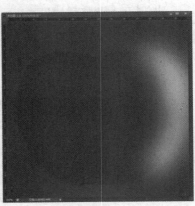

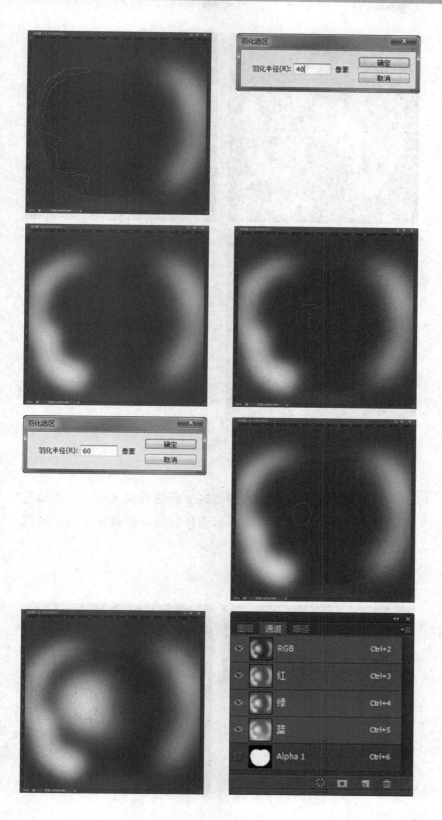

★ 快速打开文件，双击 PS 的背景空白处（默认为灰色显示区域）即可打开选择文件的浏览窗口。

★ 随意更换画布颜色选择油漆桶工具并按住 Shift 点击画布边缘，即可设置画布底色为当前选择的前景色。

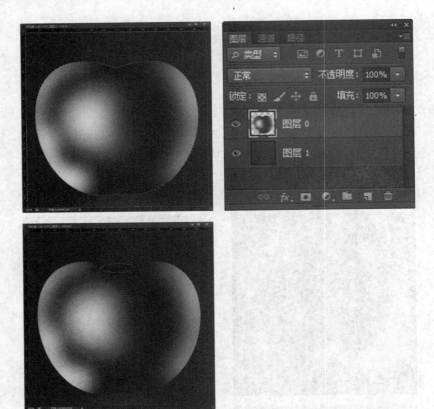

★ 如果要还原到默认的颜色，设置前景色为25%灰度（R192，G192，B192）再次按住Shift点击画布边缘。

步骤八、作苹果蒂

在苹果上端定位一个椭圆选区 > 新建通道 Alpha2> 并用毛笔工具在选区中随意画些白点 > 选择滤镜 > 扭曲 > 水波 > 多试几次。

★ 按住Alt键后再单击显示的工具图标，或者按住Shift键并重复按字母快捷键则可以循环选择隐藏的工具。

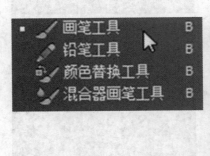

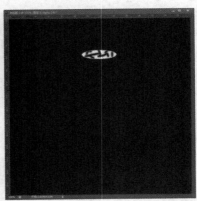

★ 获得精确光标：

按 CapsLock 键可以使画笔等绘制工具的光标显示为精确十字线，再按一次可恢复原状。

★ 显示／隐藏控制板：

按 Tab 键可切换显示或隐藏所有的控制板（包括工具箱），如果按 Shift+Tab 则工具箱不受影响，只显示或隐藏其他的控制板。

137

★ 快速恢复默认值：

恢复到默认值，试着轻轻点按选项栏上的工具图标，然后从上下文菜单中选取"复位工具"或者"复位所有工具"。

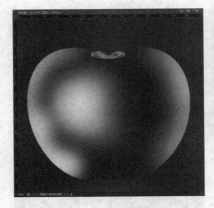

★ 自由控制大小：

缩放工具的快捷键为"Z"。PSCS5以后的版本开启图形处理器后可按住"Z"键左右拖动鼠标来快速缩放。

步骤九、画苹果把

使选区浮动 > 回到层面板新建一层以白色填充 > 可适当降低层的透明度 > 把前景色设为白色 > 新建一个层描边 > 然后用毛笔画上几条白线 > 再执行高斯模糊。

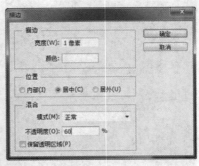

★ 此外"Ctrl +
空格键"为放大工
具,"Alt + 空格键"
为缩小工具,但是
要配合鼠标点击才
可以缩放。

步骤十、闪烁的星星

新建图层 > 选择软画笔 > 适当调整大小 > 点一虚圆 Ctrl+T>
挤扁 > 再新建图层 > 选择软画笔 > 适当调整大小 > 点一虚圆
Ctrl+T> 挤扁 > 旋转 90 度合并这两图层。

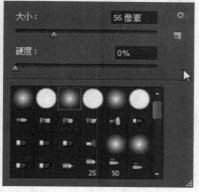

★ 相 同 按 Ctrl+
"+"键以及"-"键
分别也可为放大和缩
小图像。Ctrl+Alt+"+"
和 Ctrl+Alt+ "-" 可
以自动调整窗口以
满屏缩放显示。

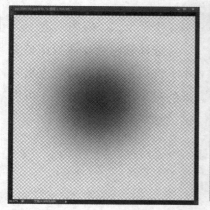

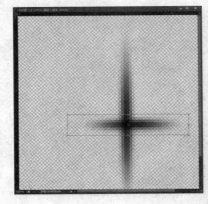

★ 使用此工具就可以无论图片以多少百分数来显示的情况下都能全屏浏览。

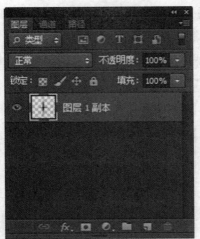

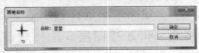

★ 如果想要在使用缩放工具时按图片的大小自动调整窗口，可以在缩放工具的属性条中点击"满画布显示"选项。

步骤十一、定义画笔

Ctrl+ 星星图层载入选区 > 选择编辑 > 定义画笔。

步骤十二、应用画笔

选择软画笔 > 适当调整大小 > 选白色在适当位置点出闪烁的星星得到最终效果 > 可以试试在苹果上刻个字。

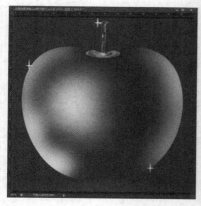 

抓手工具:

使用非Hand Tool（手形工具）时，按住空格键后可转换成手形工具，即可移动视窗内图像的可见范围。

案例 29 金属齿轮制作

步骤一、作背景效果

建 800×800 的白色背景文件 >Ctrl+R 调出标尺画一十字 > 光照效果到图示效果。

步骤二、画齿轮

新建图层 > 选择矢量工具星形像素 > 点十字中心按 Shift+Alt 指定点为中心画一 18 齿星形 > 选择椭圆工具 > 点十字中心按 Shift+Alt 指定点为中心画一正圆 >Ctrl+ 回车 >Ctrl+Shift+I 反选 > 删除星形突出的尖部。

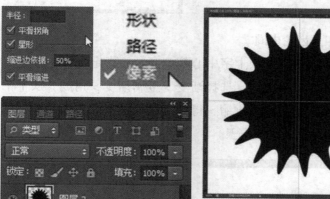

在手形工具上双击鼠标可以使图像以最适合的窗口大小显示在缩放工具上，双击鼠标可使图像以 1：1 的比例显示（CS5 版本后也可用快捷键 Ctrl+1）。

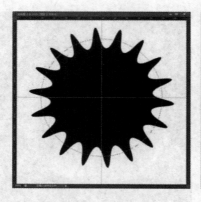
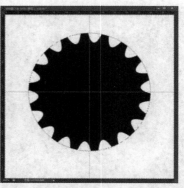

★ 橡皮擦工具：

在 使 用 Erase Tool（橡皮擦工具）时按住 Alt 键即可将橡皮擦功能切换成恢复到指定的步骤记录状态（即历史记录橡皮擦）。

步骤三、金属效果

选择渐变 > 金属渐变 > 角度 > 从十字中心身边外拉出渐变。

步骤四、齿轮内圈

选择椭圆工具 > 点十字中心按 Shift+Alt 指定点为中心画一正圆将路径转换为选区 > 选择渐变 > 金属渐变 > 角度 > 从十字中心身边外拉出渐变 > 收缩 > 得到更小的圆 > 反拉渐变 > 再画一更小的圆 > 重复以上步骤。

★ 涂抹工具：

使 用 Smudge Tool（涂抹工具）时，按住 Alt 键可由纯粹涂抹变成用前景色涂抹。

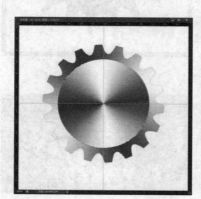

步骤五、渐变

画圆 > 渐变 > 再画圆 > 再渐变 > 得到凹凸的齿轮外形。

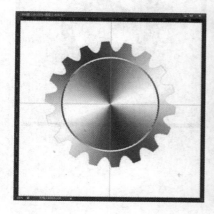 

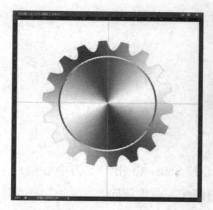 

★ 文字蒙版工具:

要移动使用 Type Mask Tool（文字蒙版工具）打出的字形选取范围时,可先切换成快速蒙版模式（用快捷键 Q 切换）,然后再进行移动,完成后只要再切换回标准模式即可。

★ 仿制图章工具:

按住 Alt 键后,使用 Rubberstamp Tool（仿制图章工具）在任意打开的图像视窗内单击鼠标,即可在该视窗内设定取样位置,但不会改变作用视窗。

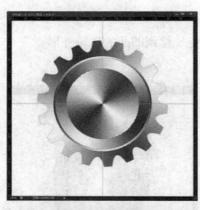 

★ 移动工具:

在 使 用 Move Tool（移动工具）时，可按键盘上的方向键直接以 1 像素的距离移动图层上的图像，如果先按住 Shift 键后再按方向键则以每次 10 像素的距离移动图像。而按 Alt 键拖动选区将会移动选区的拷贝。

步骤六、齿轮中心小孔

选择椭圆工具 > 点十字中心按 Shift+Alt 指定点为中心画一更小的圆 > 黑白渐变 > 收缩 > 再渐变 > 收缩删除。

★ 磁性套索工具或磁性钢笔工具

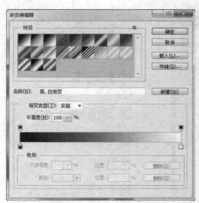

★　使用磁性套索工具或磁性钢笔工具时，按"["或"]"键可以实时增加或减少采样宽度（选项调板中）。

步骤七、制作真实齿轮

载入选区 > 添加杂色 > 选择模糊 > 径向模糊或镜头模糊真实齿轮外形。

★　度量工具：

度量工具在测量距离上十分便利（特别是在斜线上），你同样可以用它来量角度（就像一只量角器）。

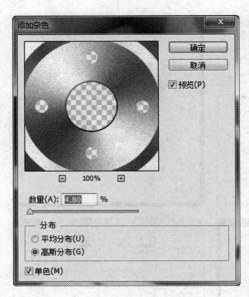

★ 在信息面板可视的前提下，选择度量工具点击并拖出一条直线，按住Alt键从第一条线的节点上再拖出第二条直线，这样两条线间的夹角和线的长度都显示在信息面板上。

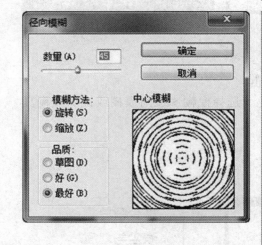

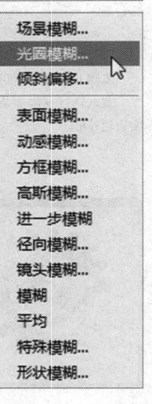

★ 用测量工具拖动可以移动测量线（也可以只单独移动测量线的一个节点），把测量线拖到画布以外就可以把它删除。

★ 绘画工具:
使用绘画工具
(如画笔、铅笔、橡
皮、加深减淡工具
等),按住Shift键单
击鼠标,可将两次
单击点以直线连接。

案例30 奥运五环

步骤一、形状工具画圆

新建白色 RGB 文件,选择椭圆工具 > 形状 > 画一个正圆。

★ 按住 Alt 键用吸
管工具选取颜色即可
定义当前背景色。

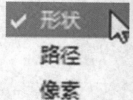

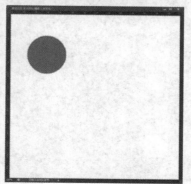

步骤二、减法

用路径选择工具 > 点选黑箭头选中圆 > 按 Ctrl+C、Ctrl+V、Ctrl+T> 设置水平垂直缩放 80%> 再选择从形状区域减去。

★ 通过结合颜色取样器工具（Shift+I）和信息面板监视当前图片的颜色变化。

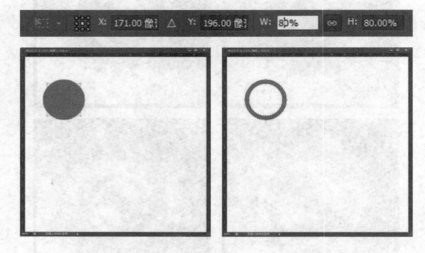

★ 变化前后的颜色值显示在信息面板上其取样点编号的旁边。通过信息面板上的弹出菜单可以定义取样点的色彩模式。

步骤三、路径合成

用路径选择工具框选圆环 > 选择组合路径组件 > 在图层面板上复制四层圆环。

步骤四、填色

将五层圆环分别填充蓝、黄、黑、绿、红五色 > 移动成环环相扣的一排。

★ 要增加新取样点只需在画布上用颜色取样器工具随便什么地方再点一下，按住 Alt 键点击可以除去取样点。

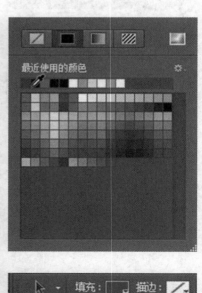

★ 一张图上最多只能放置四个颜色取样点。

步骤五、添加蒙版

在五个图层环中将上面四个环图层添加蒙版。

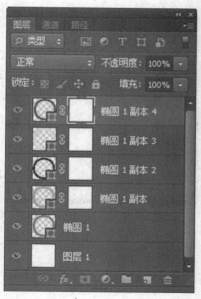

★ 当 PS 中有对话框（例如：色阶命令、曲线命令等）弹出时，要增加新的取样点必须按住 Shift 键再点击，按住 Alt+Shift 点击可以减去一个取样点。

步骤六、擦除叠加处

从最顶层开始 > 选中最顶层 > 观察此环与哪一层哪一图层的圆环相关 > 按 Ctrl+ 鼠标左键 > 载入选区选择 > 黑色画笔 > 在最顶层蒙版上涂抹圆环交界处 > 得到两环相扣的效果 > 依次类推 > 用画笔在上图层上操作 > 按住 Ctrl 键加载下图层的选区 > 给上层蒙版上涂抹制作出环环相扣的奥运五环标志。

★ 只要在调整裁切边框的时候接下"Ctrl"键，那么裁切框就会服服帖帖，让你精确裁切。

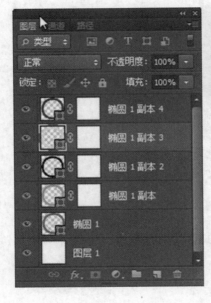

★ 你可以用以下的快捷键来快速浏览你的图像：

★ 按 Home 键卷动至图像的左上角。

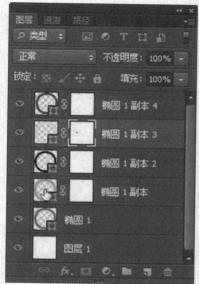

★ 按 End 键卷动
至图像的右下角。

★ 按 Page UP 键
卷动至图像的上方。

★ 按 Page Down
键卷动至图像的下方。

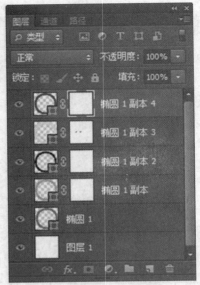

★ 按 Ctrl + Page Up 键卷动至图像的左方。

★ 按 Ctrl + Page Down 键卷动至图像的右方。

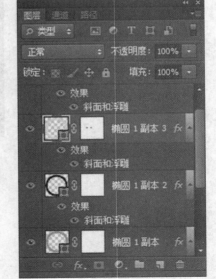

★ 按 Ctrl 键 +Alt 键 +0 键即可使图像按 1：1 比例显示。

步骤七、设置最终效果

设置圆环浮雕阴影 > 选择好背景 > 得到立体效果 > 细心观察圆环相交处 > 有疵点。

怎样制作出最后一张效果图请思考。

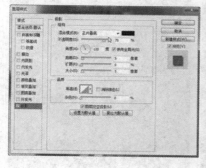

★ 当你想"紧排"（调整个别字母之间的空位），首先在两个字母之间单击，然后按下 Alt 键后用左右方向键调整。

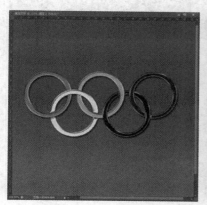

★ 将对话框内的设定恢复为默认，先按住 Alt 键后，Cancel 键会变成 Reset 键，再单击 Reset 键即可。

案例 31　更换证件照片背景

步骤一、前期准备

打开一任意背景的标准照片 > 复制一层 > 选择图像 > 调整 >
去色。

★　要快速改变在
对话框中显示的数
值，首先用鼠标点
击那个数字，让光
标处在对话框中，
然后就可以用上下
方向键来改变该数
值了。

★　如果在用方向
键改变数值前先按下
Shift 键，那么数值的
改变速度会加快。

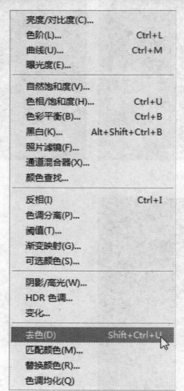

亮度/对比度(C)...	
色阶(L)...	Ctrl+L
曲线(U)...	Ctrl+M
曝光度(E)...	
自然饱和度(V)...	
色相/饱和度(H)...	Ctrl+U
色彩平衡(B)...	Ctrl+B
黑白(K)...	Alt+Shift+Ctrl+B
照片滤镜(F)...	
通道混合器(X)...	
颜色查找...	
反相(I)	Ctrl+I
色调分离(P)...	
阈值(T)...	
渐变映射(G)...	
可选颜色(S)...	
阴影/高光(W)...	
HDR 色调...	
变化...	
去色(D)	Shift+Ctrl+U
匹配颜色(M)...	
替换颜色(R)...	
色调均化(Q)	

步骤二、人像选区处理

用魔棒工具 > 选取背景 >Ctrl+Shift+I 反选 > 收缩两个像素 > 将其存入通道中。

步骤三、用通道混合器调出蓝背景

选定灰度图层 > 打开调整图层 > 调出通道混合器 > 将红通道中的红色滑块调整为 0> 将绿通道中的绿色滑块调整为 0> 将蓝通道中的蓝色滑块调整为 200> 得到蓝色背景。

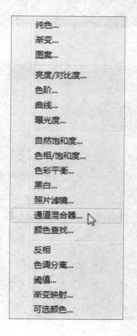 

★ 快捷键 Ctrl+Z 可以自由地在历史记录和当前状态中切换。

按 Ctrl+Alt+Z 和 Ctrl+Shift+Z 组合键分别为在历史记录中向后和向前。

★ 填充功能:
Shift+Backspace 打开填充对话框;Alt+Backspace 和 Ctrl+Backspace 组合键分别为填充前景色和背景色。

★ 按 Alt+Shift+
Backspace 及 Ctrl+
Shift+Backspace 组
合键在填充前景及
背景色的时候只填
充已存在的像素（保
持透明区域）。

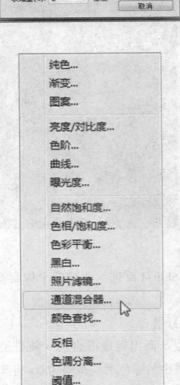

★ 键盘上的 D 键、
X 键可迅速切换前景
色和背景色。

★ 用任一绘图工具画出直线笔触：先在起点位置单击鼠标，然后按住Shift键，再将光标移到终点单击鼠标即可。

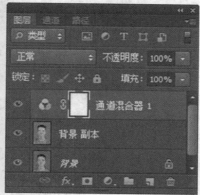

★ 打开 Curve（曲线）对话框时，按Alt键后单击曲线框，可使格线更精细，再单击鼠标可恢复原状。

步骤四、修整头发

给灰度图层添加蒙版 > 从通道中载入人像选区 > 分别选定在灰度图层和调整图层 > 填充黑色 > 可以看出人像中含有原图背景中的杂色 > 选择白色画笔 > 调整透明度 > 分别在两蒙版上擦拭 > 得到背景干净的蓝色背景照片。

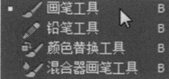

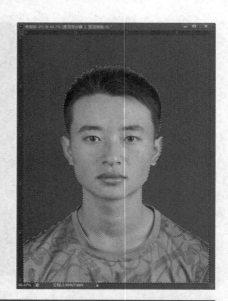

★ 使用矩形（椭圆）选取工具选择范围后，按住鼠标不放，再按空格键即可随意调整选取框的位置，放开后可再调整选取范围的大小。

★ 增加一个由中心向外绘制的矩形或椭圆形先按 Shift 键拖动矩形或椭圆的面罩工具，然后放开 Shift 键，然后按 Alt 键，最后松开鼠标按钮再松开 Alt 键。

★ 按 Enter 键或 Return 键可关闭滑块框。

步骤五、用通道混合器调出黄色背景

选定灰度图层 > 打开调整图层 > 调出通道混合器 > 将红通道中的红色滑块调整为 200> 将绿通道中的绿色滑块调整为 200> 将蓝通道中的蓝色滑块调整为 0> 得到黄色背景。

★ 若要取消更改,按 Escape 键（Esc）。

纯色...

渐变...

图案...

亮度/对比度...

色阶...

曲线...

曝光度...

自然饱和度...

色相/饱和度...

色彩平衡...

黑白...

照片滤镜...

通道混合器...

颜色查找...

反相

色调分离...

阈值...

渐变映射...

可选颜色...

★ 若在打开弹出式滑块对话框时以 10% 的增量增加或减少数值,请按住 Shift 键并按上箭头键或者下箭头键。

★ 若要在屏幕上预览 RGB 模式图像的 CMYK 模式色彩时，可先执行＂视图＂→＂新视图＂命令。

★ 产生一个新视图后，再执行＂视图＂→＂预览＂→＂CMYK＂命令，即可同时观看两种模式的图像，便于比较分析。

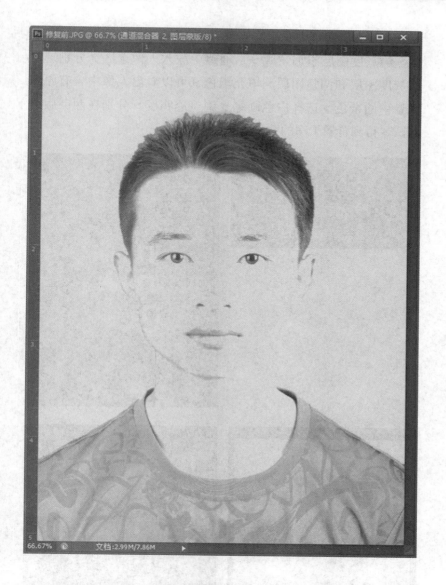

★ 按 Shift 键拖移
选框工具，限制选
框为方形或圆形。

★ 按 Alt 键拖移
选框工具可从中心
开始绘制选框。

★ 按 Shift+Alt 键
拖移选框工具，则从
中心开始绘制方形或
圆形选框。

步骤六、修整头发

给灰度图层添加蒙版 > 从通道中载入人像选区 > 分别选定在灰度图层和调整图层 > 填充黑色 > 可以看出人像中含有原图背景中的杂色 > 选择白色画笔 > 调整透明度 > 分别在两蒙版上擦试 > 得到背景干净的黄色背景照片。

⭐ 要防止使用裁切工具时选框吸附在图片边框上，在拖动裁切工具选框上的控制点的时候按住 Ctrl 键即可。

⭐ 要修正倾斜的图像，先用测量工具在图上可以作为水平或垂直方向基准的地方画一条线（如图像的边框、门框、两眼间的水平线等等）；然后从菜单中选"图像"→"旋转画布"→"任意角度…"，打开后会发现正确的旋转角度已经自动填好了，只要按确定就 OK 啦。

步骤七、用通道混合器调出白色背景

选定灰度图层 > 打开调整图层 > 调出通道混合器 > 将红通道中的红色滑块调整为 200> 将绿通道中的绿色滑块调整为 200> 将蓝通道中的蓝色滑块调整为 200> 得到白色背景。

★ 可以用裁切工具来一步完成旋转和剪切的工作：先用裁切工具画一个方框，拖动选框上的控制点来调整选取框的角度和大小，最后按回车实现旋转及剪切。测量工具量出的角度同时也会自动填到数字变换工具（"编辑"→"变换"→"数字"）对话框中。

★ 裁剪图像后所有在裁剪范围之外的像素就都丢失了。

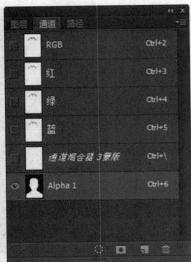

★ 要想无损失地裁剪可以用"画布大小"命令来代替。

★ 虽然设计软件 PS 会警告你将进行一些剪切，但出于某种原因，事实上并没有将所有"被剪切掉的"数据都被保留在画面以外，但这对索引色模式不起作用。

步骤八、修整头发

给灰度图层添加蒙版 > 从通道中载入人像选区 > 分别选定在灰度图层和调整图层 > 填充黑色 > 可以看出人像中含有原图背景中的杂色 > 选择白色画笔 > 调整透明度 > 分别在两蒙版上擦拭 > 得到背景干净的黄色背景照片。

★ 合并可见图层时，按 Ctrl+Alt+Shift+E 可把所有可见图层复制一份后合并到当前图层。同样可以在合并图层的时候按住 Alt 键，

★ 可把当前层复制一份后合并到前一个层，但是 Ctrl+Alt+E 这个热键这时并不能起作用。

按 Shift+Backspace 键可激活"编辑"→"填充"命令对话框，按 Alt+Backspace 键可将前景色填入选取框；按 Ctrl+Backspace 键可将背景填入选取框内。

按 Shift+Alt+Backspace 键可将前景色填入选取框内并保持透明设置，按 Shift+Ctrl+Backspace 键可将背景色填入选取框内保持透明设置。

Photoshop 中文版

第 5 章　特效字制作案例

Photoshop 字体特效一直是平面设计爱好者关注的热点，虽然 Photoshop 从 6.0 版本开始有了样式，利用它我们可以方便地得到一些特效，但其实字体的特效远远不止这些案例，主要内容包括常见的、经典的文字特效字的设计方法。

构思精巧的特效文字被广泛应用于平面广告设计、影视动画、多媒体制作、网页设计等诸多领域。特效字制作案例是学习 Photoshop 必学的一课，是初学者最感兴趣内容。关于特效字制作有很多，我们只给出已知特效字的名字，读者可根据名字遐想设计。

水晶字、面包圈字、钻石字、胶囊字、火焰字、爆炸字、彩纸字、堆雪字、腐化字、金属字、甜饼字、大理石字、迷彩字、纸片字、印章字、七彩字虹彩字、透空字、透明字、浮雕字、立体字、纹理字、电流字、凝胶字、涂鸦字、锈迹字、网纹字、锈金属字、珠宝字、苹果字、金属字、串联字、嵌银字、碎裂字、五星字、沙金字、七彩玻璃字、泥印字、融化字、镀铬字、电光字、镶嵌字、弹簧字、金雕字、白云字、绿叶字、球体字、绒毛字、液态金属字、金属字、泡泡字、彩色金属字、扭斜字、龟裂字、颗粒字、皱褶字、印章字、闪电字、重影字、喷溅字、丝网字、玻璃字、水泥字、沙子字、火焰字、冰雪字、霓虹字、铬金属字、嵌图字、滴血字、燃烧字、腾飞字、烟雾字、竹编字、浮雕轮廓字、空心轮廓字、空心浮雕字、立体随形字、动态模糊字、金属浮雕字、印章篆刻、扇面字、牌匾字。

案例 32　火焰字

步骤一、输入文字

设定背景色为黑 > 新建一个文件 > 用"T"形文字工具 > 在图像窗口单击输入文字 > 调整好大小 > 并栅格化文字。

按 Alt+Ctrl+Backspace 键 从历史记录中填充选区或图层，按Shift＋Alt＋Ctrl＋Backspace 键从历史记录中填充选区或图层并且保持透明设置。

步骤二、在通道中处理

将文字选区存入通道 > 在通道中选择编辑 > 自由变换 > 左旋转 90°> 将鼠标移到变换区内 > 单击右键选择旋转 90°（顺时针）。

按 Ctrl + "＝"键可使图像显示持续放大，但窗口不随之缩小。

按 Ctrl + "－"键可使图像显示持续缩小，但窗口不随之缩小。

步骤三、用风吹

选择滤镜 > 风格化 > 风 > 按 Ctrl+F 若干次 > 直到满意为止。

步骤四、调整 Ctrl+T 自由变换选区内 > 单击右键选择旋转 90°（逆时针）。

👑 按 Ctrl+Alt + "＝"键可使图像显示持续放大，且窗口随之放大。

👑 按 Ctrl+Alt + "－"键可使图像显示持续缩小，且窗口随之缩小。

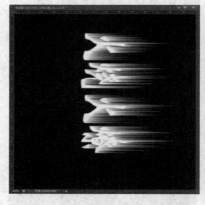 

👑 移动图层和选区时，按住 Shift 键可做水平、垂直或 45°角的移动。

步骤五、制作火苗

滤镜 > 扭曲 > 波纹 > 调出火苗效果 > 滤镜 > 模糊 > 高斯模糊 > 单击图像 > 模式 > 灰度命令将图像格式转为灰度模式 > 再执行图像 > 模式 > 索引颜色命令 > 将图像格式转为索引模式 > 最后执行图像 > 模式 > 颜色表命令 > 打开颜色表对话框 > 在颜色表列表框中选择黑体。

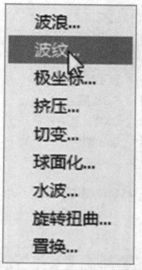

👑 按键盘上的方向键可做每次 1 个像素的移动。

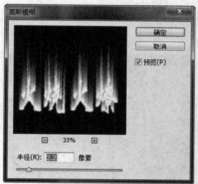

👑 按住 Shift 键后再按键盘上的方向键可每次做 10 个像素的移动。

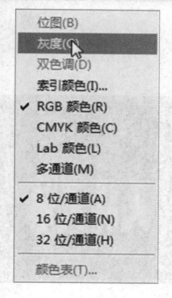

👑 创建参考线时，按 Shift 键拖移参考线可以将参考线紧贴到标尺刻度处。

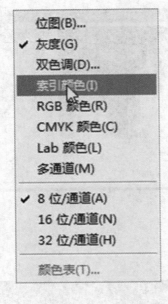

按 Alt 键拖移
参考线可以将参考
线更改为水平或垂
直取向。

在 " 图 像 "
→ "调整" → "曲线"
命令对话框中，按住
Alt 键于格线内单击
鼠标可以使格线精
细或粗糙。

按 住 Shift 键
并单击控制点可选
择多个控制点，按
住 Ctrl 键并单击某
一控制点可将该点
删除。

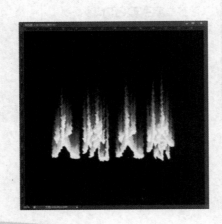

案例 33 立体字

步骤一、输入文字

建立 RGB 模式的图像 > 然后用文本工具输入文字 > Ctrl+T 自由变换 > 调整文字大小。

若要将某一图层上的图像拷贝到尺寸不同的另一图像窗口中央位置，可以在拖动到目的窗口时按住 Shift 键，则图像拖动到目的窗口后会自动居中。

在使用"编辑"→"自由变换"（Ctrl+T）命令时，按住 Ctrl 键并拖动某一控制点可以进行自由变形调整。

步骤二、删格化

选择图层 > 删格化 > 文字。

按住 Alt 键并拖动某一控制点可以进行对称变形调整。

步骤三、透视

选择编辑 > 变换 > 透视 > 将文字拉成透视状。

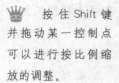

按住 Shift 键并拖动某一控制点可以进行按比例缩放的调整。

步骤四、填充阴影

保持选区 > 按 Ctrl+J 复制一新层 > 将原文字层隐藏 > 将选区浮动 > 然后用黑白渐变工具填充。

步骤五、调整图层

将文字图层移到最上一层 > 按下 Alt + Ctrl 用小键盘方向键向右移动 > 显示文字层。

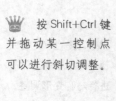

按住 Shift+Ctrl 键并拖动某一控制点可以进行透视效果的调整。

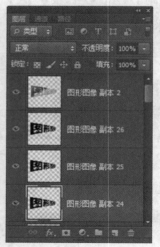

按 Shift+Ctrl 键并拖动某一控制点可以进行斜切调整。

案例 34　金属文字

步骤一、输入文字

新建 RGB 文件 > 用文字工具输入文字 > 调整好文字大小。

👑 按 Enter 键应用变换，按 Esc 键取消操作。

步骤二、栅格化文字

栅格化文字 > 用魔术棒选出文字选区 > 按住 Shift 从文字选区的顶部到底部下一点做金属渐变。

👑 在色板调板中，按 Shift 键单击某一颜色块，则用前景色替代该颜色。

👑 按 Shift+Alt 键单击鼠标，则在点击处前景色作为新的颜色块插入。

步骤三、缩小选区

执行选择 > 修改 > 收缩，用方向键向左和向上各移动 10 个像素点 > 同上做反方向的渐变。

按 Alt 键在某一颜色块上单击，则将背景色变为该颜色。

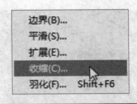

按 Ctrl 键单击某一颜色块，会将该颜色块删除。

在图层、通道、路径调板上，按 Alt 键单击这些调板底部的工具按钮时，对于有对话框的工具可调出相应的对话框更改设置。

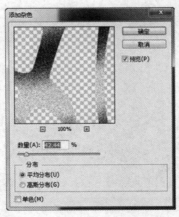

步骤四、作出高光

同样再缩小选区 > 执行选择 > 修改 > 收缩 > 用方向键向左和向上各移动一个像素点 > 同上做反方向的渐变。

在图层、通道、路径调板上，按 Ctrl 键并单击一图层、通道或路径会将其作为选区载入。

案例 35　网格字

步骤一、输入文字

新建 RGB 文件 > 按"T"输入文字，大小、颜色自定 > 按住 Ctrl 单击文字层出现选区 > 点击通道标签 > 点"将选区存储为通道"按钮 > 把选区存入 Alpha 1 通道。

按 Ctrl+Shift 键并单击，则添加到当前选区。

按 Ctrl+Shift +Alt 键并单击，则与当前选区交叉。

步骤二、通道中处理

浮动选区 > 新建按钮建立 Alpha 2，按选择 > 羽化选区 > 填充白色。

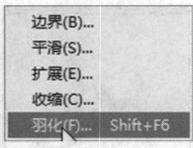

在图层调板中使用图层蒙版时，按 Shift 键并单击图层蒙版缩览图，会出现一个红叉，表示禁用当前蒙版，按 Alt 键并单击图层蒙版缩览图，蒙版会以整幅图像的方式显示，便于观察调整。

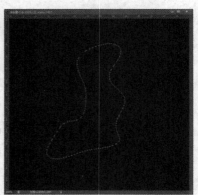

在路径调板中，按住 Shift 键在路径调板的路径栏上单击鼠标可切换路径是否显示。

步骤三、色彩半调滤镜

执行滤镜 > 像素化 > 彩色半调 > 按默认参数确定或调整半径
通道值为 0，呈现另一种效果。

更改某一对话
框的设置后，若要恢
复为先前值，要按住
Alt 键、取消按钮会变
成复位按钮，在复位
按钮上单击即可。

大家在点选调
整路径上的一个点
后，按"Alt"键，再
点击鼠标左键在点上
点击一下，这时其中
一根"调节线"将会
消失，再点击下一个
路径点时就会不受影
响了。

步骤四、光照

回到图层面板 > 调入文字选区 > 缩小若干像素 > 由文字大小而定。

使用滤镜：渲染 > 光照效果。

如果用"Path"画了一条路径，而鼠标现在的状态又是钢笔的话，只按下小键盘上的回车键（记住是小键盘上的回车，不是主键盘上的！），那么路径就马上会变为"选取区"了。

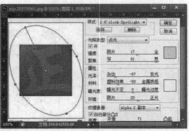

案例 36　倒角字

步骤一、在通道中输入文字

新建一 RGB 图像 > 背景为黑色 > 激活通道选项 > 新建一个 Alpha1 通道 > 用文字工具在通道面板中输入所需的文字。

如果用钢笔工具画了一条路径，而现在鼠标的状态又是钢笔的话；只要按下小键盘上的回车键，那么路径就马上就被作为选区载入。

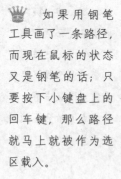

按住 Alt 键后在路径控制板上的垃圾桶图标上单击鼠标可以直接删除路径。

步骤二、模糊

拖动 Alpha1 通道至新建图标上 > 复制 Alpha1 通道为 Alpha2 通道 > 取消选区 > 在通道 1 副本上选择菜单滤镜 > 模糊 > 高斯模糊。

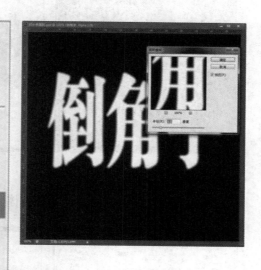

使用路径其他工具时按住 Ctrl 键使光标暂时变成方向选取范围工具。

点击路径面板上的空白区域可关闭所有路径的显示。

179

步骤三、收缩

在通道面板 > 当前复制通道 > 按下 Ctrl 键的同时 > 单击 Alpha1 得到文字选择区域 > 执行选择 > 修改 > 收缩 > 设置收缩值最好和刚才的模糊半径相同，它决定了倒角的宽度。

步骤四、填充颜色

选择前景色为白色 > 填充该选择区域 > 在通道面板中，按 Ctrl 键的同时单击 Alpha1 通道得到文字选择区域 > 回到图层状态 > 填充文字区域 > 执行滤镜 > 渲染 > 光照效果。

在点击路径面板下方的几个按钮（用前景色填充路径、用前景色描边路径、将路径作为选区载入）时，按住 Alt 键可以看见一系列可用的工具或选项。

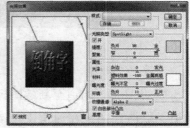

如果需要移动整条或是多条路径，请选择所需移动的路径然后使用快捷键 Ctrl+T，就可以拖动路径至任何位置。

步骤五、加阴影

给文字加阴影 > 增强倒角字的立体效果。

案例 37　旧金属材质文字

步骤一、输入文字

新建 RGB 文件、按"T">输入文字>大小自定>按住 Ctrl
单击文字层调入选区>切换到通道面板存储备用。

在勾勒路径
时，最常用的操作
还是像素的单线条
的勾勒，但此时会
出现问题，即有矩
齿存在，很影响实
用价值；此时不妨
先将其路径转换为
选区，然后对选区
进行描边处理，同
样可以得到原路径
的线条，却可以消
除矩齿。

步骤二、云彩滤镜

浮动选区>再建立一个新层>使用滤镜>渲染>云彩>再
给图增加一些对比度>删除原文字层。

步骤三、阴影效果

执行图层 > 图层样式 > 投影。

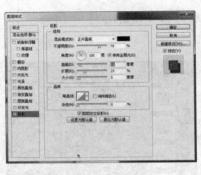
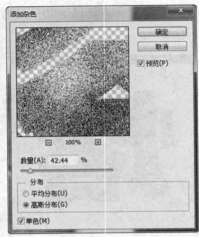

将选择区域转换成路径是一个非常实用的操作。此功能与控制面板中的相应图标功能一致。

步骤四、添加杂色

使用滤镜 > 杂色 > 添加杂色 > 单色

调用此功能时，所需要的属性设置将可在弹出的 MAKE WORKPQTH 设置窗口中进行。

步骤五、产生叠加效果

建立一个新层 > 然后再次按住 Ctrl 键导入文字层的选择范围 > 用白色填充 > 然后使用滤镜 > 杂色 > 添加杂色 > 单色 > 参数设置大一些。

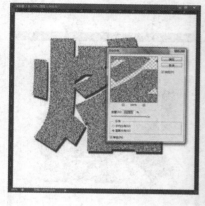

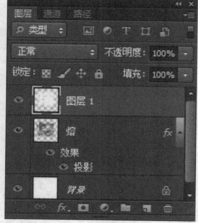

使用笔形工具制作路径时按住 Shift 键可以强制路径或方向线成水平、垂直或 45°角，按住 Ctrl 键可暂时切换到路径选取工具。

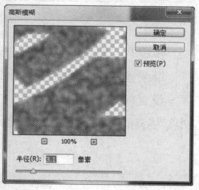

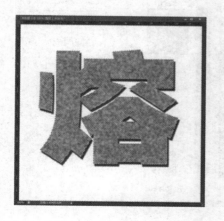

按住 Alt 键将笔形光标在黑色节点上单击可以改变方向线的方向，使曲线能够转折。

步骤六、模糊

增加模糊选择滤镜 > 模糊 > 高斯模糊

步骤七、改变层模式

选择颜色加深层叠加模式 > 改变它的透明度为 25%。

按 Alt 键用路
径选取工具单击路
径会选取整个路径，
要同时选取多个路
径可以按住 Shift 后
逐个单击。

步骤八、使它像金属

继续建立一个新图层 > 按住 Ctrl 键点击文字层导入文字选择
区 > 设置前景色为 R：255 G：174 B：0 > 使用笔刷工具 > 设置透
明度为 5% > 然后在一些部分涂上颜色。

使用路径选工
具时按住"Ctrl+Alt"
键移近路径会切换
到加节点与减节点
笔形工具。

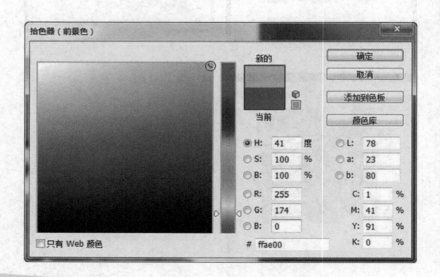

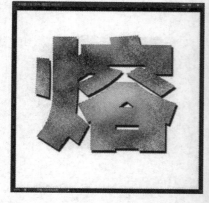

若要切换路径是否显示，可以按住 Shift 键后在路径调色板的路径栏上单击鼠标，或者在路径调色板灰色区域单击即可，还可以按 Ctrl+Shift+H。

步骤九、颜色加深

再次改变这层的叠加模式为颜色加深 > 再次建立另一个新层在前面那层之上 > 和前面做相同的步骤，只是前景颜色设置为 R：149 G：194 B：213> 层的叠加模式设置为叠加。

步骤十、再作修饰

确认前景色和背景色为默认状态，否则先按 D 键 > 同样再次建立一个新层 > 按住 Ctrl 键载入文字选区 > 用黑色填充以后，使用滤镜 > 渲染 > 分层云彩 > 将新层的透明度设置为 70% > 层的叠加模式为颜色减淡 > 旧金属材质字完成。

若要在 Color 调色板上直接切换色彩模式，可先按住 Shift 键后，再将光标移到色彩条上单击。

185

若要在一个动作中的一条命令后新增一条命令，可以先选中该命令，然后单击调板上的开始记录按钮，选择要增加的命令，再单击停止记录按钮即可。

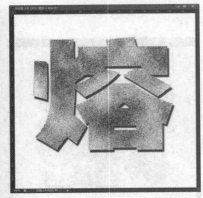

先按住 Ctrl 键后，在动作控制板上所要执行的动作的名称上双击鼠标，即可执行整个动作。

案例 38　纯金字

步骤一、进入通道

建立一个新文件 > 切换到通道面板 > 单击下面的建立新通道按钮。

步骤二、输入文字

建立一个新通道 > 输入文字 > 调整好位置后按 Ctrl+D 取消选区 > 选择滤镜 > 模糊 > 高斯模糊。

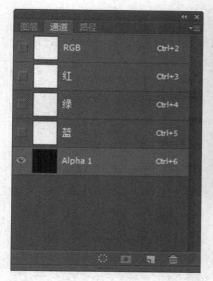

若要一起执行数个宏（Action），可以先增加一个宏，然后录制每一个所要执行的宏。

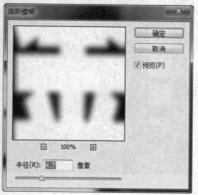

若要在一个宏（Action）中的某一命令后新增一条命令，可以先选中该命令，然后单击调色板上的开始录制图标，选择要增加的命令，再单击停止录制图标即可。

步骤三、在通道中渐变

按 Ctrl，击通道 Alpha 1> 调出该通道的选区 > 选择线性渐变工具设置 > 然后从字的左上角拉到右下角。

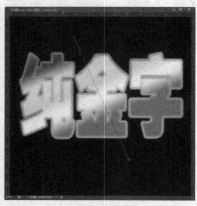

滤镜快捷键

Ctrl+F——再次使用刚用过的滤镜。

Ctrl+Alt+F——用新的选项使用刚用过的滤镜。

Ctrl+Shift+F——退去上次用过的滤镜或调整的效果或改变合成的模式。

步骤四、技术处理

按下 Ctrl+M 调整曲线 > 按下 Ctrl+A 全选 >Ctrl+C 拷贝 > 然后切换到层面板 > 选择背景层 > 按下 Ctrl+V 粘贴 > 选择图像 > 调整 > 色彩平衡 > 分别调整暗部 > 中间调和亮部的色彩完成效果。

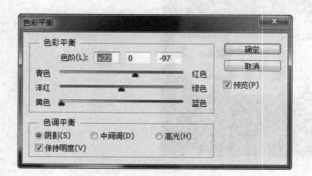

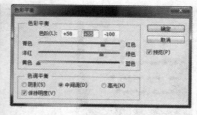

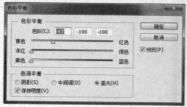

在滤镜窗口里，按 Alt 键，Cancel 按钮会变成 Reset 按钮，可恢复初始状况。想要放大滤镜对话框中图像预览的大小，直接按下"Ctrl"，用鼠标点击预览区域即可放大；反之，按下"Alt"键则预览区内的图像便迅速变小。

案例 39　冰雪字

步骤一、输入文字

新建文件 > 在工具箱中将前景色设为白色 > 背景色设为黑色 > 按 Ctrl+Delete> 背景色填充整个画布 > 按 T 键在工具箱中选择文字工具 > 然后在画布中输入文字。

步骤二、晶格化

按 Ctrl+E 快捷键合并图层 > 然后选择 > 滤镜 > 像素化 > 晶格化 > 在晶格化对话框中 > 将单元格大小设为 5。

滤镜菜单的第一行会记录上一条滤镜的使用情况，方便重复执行。

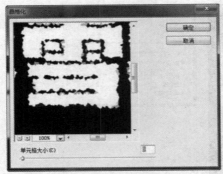

👑 在图层的面板
上可对已执行滤镜的
效果调整不透明度和
色彩混合等（操作的
对象必须是图层）。

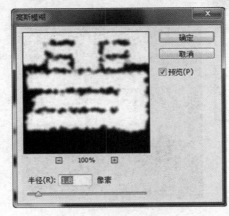

步骤三、模糊风吹

选择滤镜 > 模糊 > 高斯模糊 > 将半径设为 1.2 像素，选择图像 > 旋转画布 > 90°（顺时针）> 选择滤镜 > 风格化 > 风 > 方向设为从右 > 将画布逆时针旋转 90°。

👑 对选取的范围
羽化（Feather）一下，
能减少突兀的感觉。

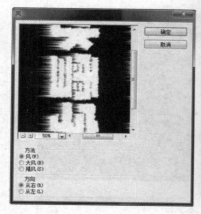

步骤四、调整

选择图像 > 调整 > 曲线 > 选择图像 > 调整 > 色相 / 饱和度 > 选择滤镜 > 艺术效果 > 海报边缘 > 参数默认 > 将图层的混合模式设为变暗。

在 使 用 "滤镜"→"渲染"→"云彩"的滤镜时，若要产生更多明显的云彩图案，可先按住Alt 键后再执行该命令；若要生成低漫射云彩效果，可先按住 Shift 键后再执行命令。

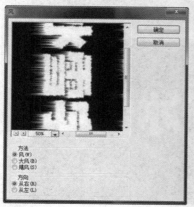

在使用"滤镜"→"渲染"→"光照效果"的滤镜时，若要在对话框内复制光源时，可先按住 Alt 键后再拖动光源即可实现复制。

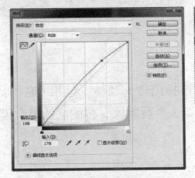

针对所选择的区域进行处理。如果没有选定区域，则对整个图像做处理；如果只选中某一层或某一通道，则只对当前的层或通道起作用。

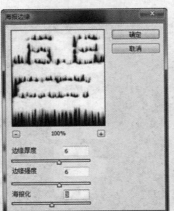

案例 40　泥字

步骤一、云彩

新建一 RGB 文件 > 进入通道面板 > 新建一通道 > 使用滤镜
渲染 / 分层云彩。

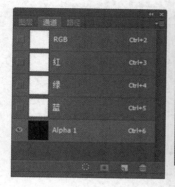

👑　滤镜的处理
效果以像素为单位，
就是说相同的参数
处理不同分辨率的
图像，效果会不同。

步骤二、添加杂色

在当前通道使用滤镜 > 杂色 > 添加杂色。

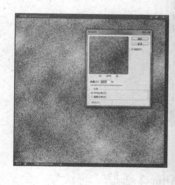

👑　RGB 的模式里
可以对图形使用全
部的滤镜，文字一
定要变成了图形才
能用滤镜。

步骤三、填充黄色

回到图层面板 > 新建一层 > 选用土黄色填充。

步骤四、光照

执行滤镜 > 渲染 > 光照效果 > 将纹理通道置为 Alpha 1。

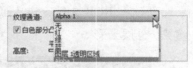

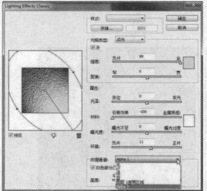

👑 使用新滤镜应先用缺省设置实验,然后试一试较低的配置,再试一试较高的配置。

步骤五、文字制作

激活通道选项 > 新建一个 Alpha2 通道 > 前景为白色 > 用文字工具输入所需的文字 > 再复制一个新通道。

👑 用一幅较小的图像进行处理,并保存拷贝的原版文件,而不要使用"还原"。这样对所做的结果进行比较,记下真正喜欢的设置。

步骤六、扩散滤镜

再复制一个新通道选择菜单 > 滤镜 > 风格化 > 扩散 > 一次效果可能不明显，根据图的大小可多次执行此命令。

在选择滤镜之前，先将图像放在一个新建立的层中，然后用滤镜处理该层。

步骤七、模糊

按住 Ctrl 键并点击 Alpha2 通道 > 将以前的文字轮廓载入 > 执行滤镜 > 模糊 > 高斯模糊 > 将选区模糊 3~4 个像素点。

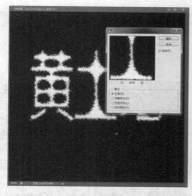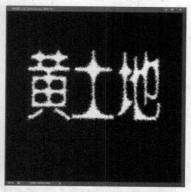

这个方法可把滤镜的作用效果混合到图像中去，或者改变混色模式，从而得到需要的效果。

步骤八、调节亮度及对比度

执行图像 > 调整 > 亮度 / 对比度。

👑 这个方法还可以在设计的过程中，按想法随时改变图像的滤镜效果。

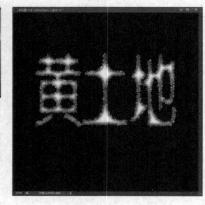

👑 即使已经用滤镜处理层了，也可以选择"褪色…"该命令。

步骤九、光照

回到图层面板 > 选择泥土背景所在的图层 > 取消选择 > 然后滤镜 > 渲染

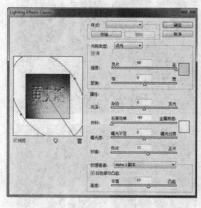

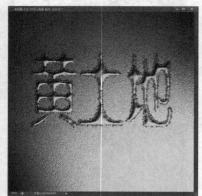

👑 有些滤镜一次可以处理一个单通道，例如绿色通道，而且可以得到非常有趣的结果。注意，处理灰阶图像时可以使用任何滤镜。

案例 41　波纹字

步骤一、通道中输入文字

新建一 RGB 图像 > 背景为白色 > 激活通道选项 > 新建一个 Alpha1 通道 > 输入文字。

用滤镜对 Alpha 通道进行数据处理会得到令人兴奋的结果（也可以处理灰阶图像），然后用该通道作为选取，再应用其他滤镜，通过该选取处理整个图像。该项技术尤其适用于晶体折射滤镜。

步骤二、模糊

按 Ctrl+D 取消选区 > 选择滤镜 > 模糊 > 高斯模糊 > 半径设为 2 像素。

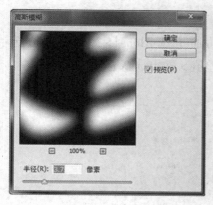

用户可以打破适当的设置，观察有什么效果发生。

步骤三、波纹滤镜

按住 Alpha1> 拖到下面的建立新通道图标上 > 将 Alpha1 复制为 Alpha1 副本并设为当前通道 > 使用滤镜 > 扭曲 > 波纹。

有些滤镜的效果非常明显，细微的参数调整会导致明显的变化，因此在使用时要仔细选择，以免因为变化幅度过大而失去每个滤镜的风格。

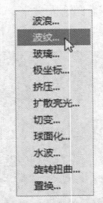

步骤四、通道计算

执行图像 > 计算 > 源 1 的通道选 Alpha1> 源 2 的通道选 Alpha1 副本 > 混合下拉菜单选差值 > 输出选新通道。

处理过渡的图像只能作为样品或范例，但它们不是最好的艺术品，使用滤镜还应根据艺术创作的需要，有选择地进行。

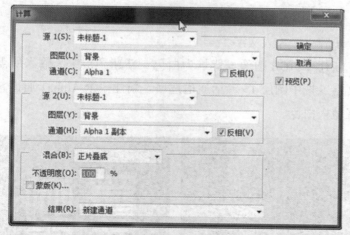

要把当前的选中图层往上移：按下"Ctrl+]"组合键，就可以把当前的图层往上翻一层；按下"Ctrl+["组合键，就可以把当前的图层往下翻一层。

步骤五、载入选区

切换到层面板 > 新建一个图层 > 选择 > 载入选区命令 > 载入 Alpha2 通道选区，即通过运算得出的通道。

步骤六、渐变

设置前景为蓝色 > 背景为白色 > 使用渐变工具 > 渐变类型选"从前景色到背景色" > 沿水平方向进行渐变 > 将背景填充为深蓝色。

用鼠标将要复制的图层拖曳到面板上端的"新建"图标上可新建一个图层。

案例 42　印章

步骤一、输入文字

新建一 RGB 图像 > 背景为白色 > 新建图层 1 > 输入所需要的文字 > 选中图层 1> 激活通道选项 > 新建一个 Alpha1 通道 > 给选区填入白色。

👑 在移动图层或选取范围时，按住 Shift 键强制做水平、垂直或 45°的移动。

步骤二、外边框

在 Alpha1 通道选择矩形选框工具画一个矩形。

步骤三、内边框

新建一个通道 > 填充白色 > 选择 > 修改 > 收缩 > 新建一个通道填充。

👑 在移动图层或选取范围时，按键盘上的方向键做每次 1 个像素的移动。

步骤四、通道计算

选择图像 > 运算 > 源 1 大矩形 > 源 2 小矩形 > 混合下拉菜单选差值 > 输出选新通道。

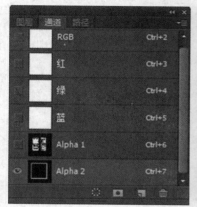
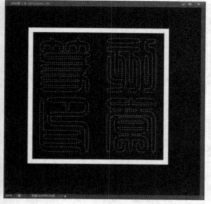

在移动图层或选取范围时，先按住 Shift 键后再按键盘上的方向键做每次 10 个像素的移动。

步骤五、填充白色

在矩形边框通道上点选 Alpha1 通道 > 填充白色 > 印章样式完成。

步骤六、添加杂色

在印章通道上 > 选择菜单滤镜 > 杂色 > 添加杂色 > 将数量设为最大 > 高斯分布。

直接删除图层时可以先按住 Alt 键后将光标移到图层控制板上的垃圾桶上单击鼠标即可。

步骤七、扩散滤镜

按 Ctrl+D 取消选择 > 执行滤镜 > 风格化 > 扩散 > 设置模式为"变暗优先"。

按下 Ctrl 键后，移动工具就有自动选择功能了，这时只要单击某个图层上的对象；那么 PS 就会自动的切换到那个对象所在的图层；但当放开 Ctrl 键，移动工具就不再有自动选择的功能，这样就可以防止误选。

不能在层面板中同时拖动多个层到另一个文档（即使它们是链接起来的）——这只会移动所选的层。

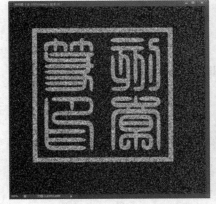

步骤八、模糊

执行菜单滤镜 > 模糊 > 高斯模糊 > 设较低值。

要把多个层编排为一个组，最快速的方法是先把它们链接起来，然后选择编组链接图层命令（Ctrl+G）。

步骤九、填充颜色

按 Ctrl 键 > 选中印章选区 > 切换到图层面板 > 用正红色填充 > 一遍嫌淡，多填充几遍。

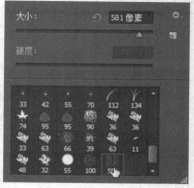 

当在不同文档间移动多个层时，可以利用移动工具在文档间同时拖动多个层了。

案例 43　放射字

步骤一、输入文字

新建一个 RGB 文档 > 背景为黑色 > 将前景色设为黄色 > 输入所需的文字 > 栅格化文字。

用这个技术同样可以用来合并（Ctrl+E）多个可见层（因为当前层与其他层有链接时"与前一层编组命令"会变成"编组链接图层"命令）。

步骤二、横坐标

合并图层 > 执行滤镜 > 扭曲 > 极坐标将选项设为极坐标到平面坐标。

在层面板中按住 Alt 键在两层之间点击可把他们编为一组。当一些层链接在另一些，而你又只想把它们中的一部分编组时这个功能十分好用。

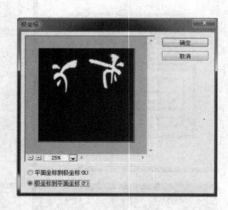

步骤三、吹风

执行图像 > 旋转画布 > 顺时针 90° > 将画布顺时针旋转 90° > 执行滤镜 > 风格化 > 风 > 方向设为从右，如果想让光芒的效果更加明显，可以多次使用此命令，将画布再按逆时针旋转 90° 恢复。

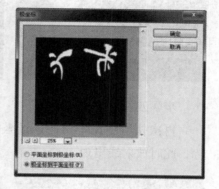

用鼠标双击"图层控制"面板中带"T"字样的图层还可以再次对文字进行编辑。

按住 Alt 点击所需层前眼睛图标可隐藏／显现其他所有图层。

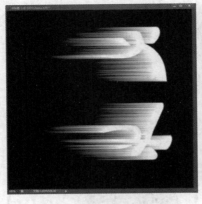 

按住 Alt 点击当前层前的笔刷图标可解除其与其他所有层的链接。

步骤四、极坐标

再次执行滤镜 > 扭曲 > 极坐标此时将选项设为平面到极坐标，此时放射线出现。

 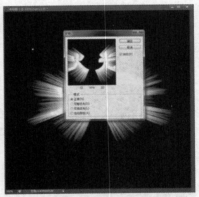

要清除某个层上所有的层效果，可按住 Alt 键双击该层上的层效果图标。

步骤五、爆炸效果

如果在第三步执行滤镜 > 风格化 > 扩散 > 再执行第四步 > 极坐标，则得到爆炸效果。

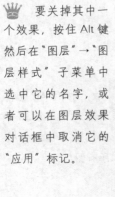 

要关掉其中一个效果，按住 Alt 键然后在"图层"→"图层样式"子菜单中选中它的名字，或者可以在图层效果对话框中取消它的"应用"标记。

案例 44　雕刻字

步骤一、通道中输入文字

建立一个新文件 > 切换到通道面板下 > 新建通道输入文字 > 确定后按 Ctrl+D 取消选区。

节省时间的增加调整层的方法：按住 Ctrl 点击"创建新图层"图标（在层面板的底部）选择想加的调整层类型！

步骤二、模糊

选择滤镜 > 模糊 > 高斯模糊。

步骤三、调整曲线

调整色调曲线 Ctrl+M> 调整曲线 > 全选 Ctrl+A> 复制 Ctrl+C> 进入图层面板粘贴 Ctrl+V> 选择图像 > 复制 > 起名保存文件保存备用。

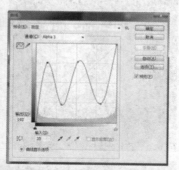

除了在通道面板中编辑层蒙版以外，按 Alt 点击层面板上蒙版的图标可以打开它；按住 Shift 键点击蒙版图标为关闭／打开蒙版（会显示一个红叉 X 表示关闭蒙版）。

步骤四、选定置换图文件

回到刚才的文件中 > 确认仍然在 Alpha1 中 > 选择滤镜 > 扭曲 > 置换 > 选择刚才保存的 PSD 文件 > 确定。

按住 Alt+Shift 点击层蒙版能够以红宝石色（50% 红）显示。

按住 Ctrl 键点击蒙版图标为载入它的透明选区。

按层面板上的"添加图层蒙版"图标（在层面板的底部）所加入的蒙版默认显示当前选区的所有内容。

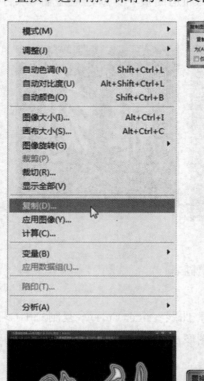

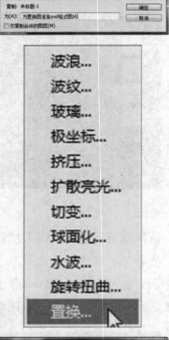

步骤五、复制效果图

按下 Ctrl+A 全选 >Ctrl+C 拷贝 > 切换到层面板 > 选择背景层 >Ctrl+V 粘贴 > 删除图层 1。

选择图像 > 调整色彩平衡 > 分别调整暗部 > 中间调和亮部的色彩至金黄色 > 完成效果。

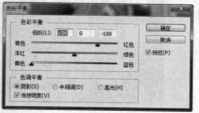

按住 Alt 键点"添加图层蒙版"图标所加的蒙版隐藏当前选区内容。

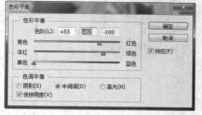
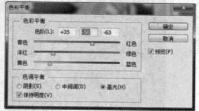

当前工具为移动工具（或随时按住 Ctrl 键）时，右键点击画布可以打开当前点所有层的列表（按从上到下排序）；从列表中选择层的名字可以使其为当前层。

案例 45　滴血字

步骤一、输入文字

新建一 RGB 文件 > 填充背景为黑色 > 输入白色文字。

👑 按住 Alt 键点鼠标右键可以自动选择当前点最靠上的层，或者打开移动工具选项面板中的自动选择图层选项也可实现。

步骤二、变换

栅格化文字 > 按 Ctrl+E 向下合并图层 > 执行全选 > 编辑 > 变换 > 画布旋转 90°（顺时针）。

👑 点击 Alt+Shift + 右键可以切换当前层是否与最上面层作链接。

步骤三、风吹

滤镜 > 风格化 > 风 > 设置风方向从右 > 不满意可以多吹几次。

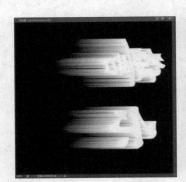 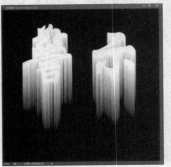

步骤四、波纹滤镜

执行图像 > 画布旋转 90°（逆时针）> 执行滤镜 > 扭曲 > 波纹。

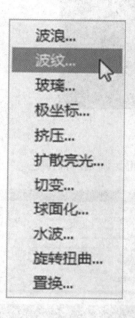

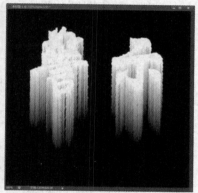

需要多层选择时，可以先用选择工具选定文件中的区域，拉制出一个选择虚框；然后按住"Alt"键，当光标变成一个右下角带一小"–"的"+"号时（这表示减少被选择的区域或像素），在第一个框的里面拉出第二个框；而后按住"Shift"键，当光标变成一个右下角带一小"+"的大"+"号时，再在第二个框的里面拉出第三个选择框，这样二者轮流使用，就可以进行多层选择了。

步骤五、执行照亮边缘

执行滤镜 > 风格化 > 照亮边缘。

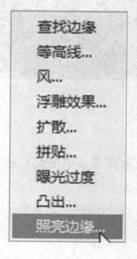

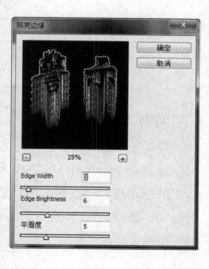

👑 按 Shift+ "+"
键（向前）和
Shift+ "-"键（向后）
可在各种层的合成模
式上切换。

步骤六、色彩平衡

设置：执行图像 > 调整 > 色彩平衡 > 调整所需颜色。

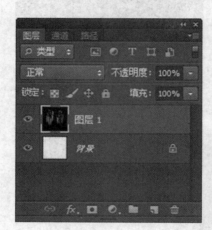

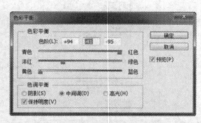

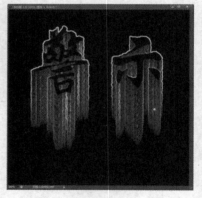

👑 还 可 以 按
Alt+Shift+ "某一字
符" 快速切换合成
模式。

案例 46　牙膏字

步骤一、路径文字

建立一个新文件 >RGB 模式 > 白色背景 > 单击路径控制面
板上的创建路径项按钮 > 用自由钢笔工具绘制一个 "yes" 形状
的路径（路径 1）> 转换点工具调整 > 复制该路径后粘贴一个路
径（路径 2）。

① N= 正常
（Normal）

② I= 溶解
（Dissolve）

③ M= 正片叠底
（Multiply）

④ S= 屏幕
（Screen）

步骤二、制作色轮

新建一图层 > 以文字路径的起点为中心 > 画圆 > 选择七彩渐变 > 角度渐变 > 得到色轮。

步骤三、定义画笔

将色轮载入选区定义为画笔。

⑤O= 叠加
（Overlay）

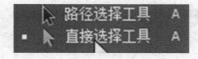

⑥F= 柔光
（Soft Light）

⑦H= 强光
（Hard Light）

⑧D= 颜色减淡
（Color Dodge）

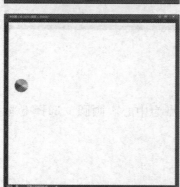

步骤四、选择涂抹工具 > 选定文字路径 > 双击涂抹工具 >
强度 100%> 描边该路径即可。

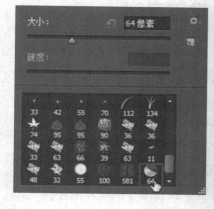

⑨B= 颜色加深
（Color Burn）

⑩K= 变暗
（Darken）

⑪G= 变亮
（Lighten）

⑫E= 差值
（Difference）

扫码获取视频资料

Photoshop 中文版

第6章　常用案例

本章在熟练掌握前五章的基础上，列举了工作中常用的几个案例，如果想测试掌握程度，可以先不看案例做法，自己测试一下能不能解决问题。如果有些案例是前面没有讲过，怎么办？你肯定能自己主动想办法的！本章案例主要内容为图片拼接、白描人像、简单图片处理手法、置换图滤镜用法、用通道抠毛发、书法字提取及用法、简单动画、写实手表、图片批量处理等。

案例47　图片拼接

横向图片拼接常常用于处理三脚架拍摄的比较宽的景物，最后衔接成一张图片的情况。

步骤一、打开图片

打开 Photoshop 软件自带拼接素材 > 并将其放在同一文件中。

⑬X= 排除

（Exclusion）

⑭U= 色相

（Hue）

⑮T= 饱和度

（Saturation）

步骤二、调整画布大小

选择 > 菜单 > 图像 > 画布大小 > 将画布宽度大小放大三倍以
上 > 高度一倍多一点。

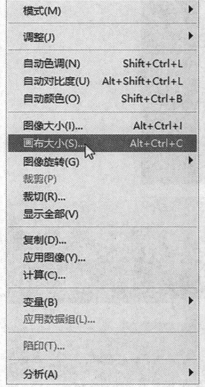

⑯C= 颜色
（Color）

⑰Y= 亮度
（Luminosity）

⑱R= 清除
（Clear 3）

步骤三、调整顺序，拼接素材

将三个图按照从左到右的顺序排列好 > 分别降低左右两边图
片的透明度 > 找到相应的参照物将其对齐。

⑲W= 暗调
（Shadows4）

步骤四、调色

分别给三个图层添加蒙版 > 在三图的交界处用蒙版涂抹 > 直
至三图交界无明显边界为止。

⑳V= 中间调
（Midtones4）

㉑Z= 高光
（Highlights4）

㉒Q= 背后
（Behind 1）

㉓L= 阈值
（Threshold 2）

步骤五、细调

按 Ctrl+Alt+Shift+E 盖印 > 用裁切工具将图裁好 > 在交接点处色彩不协调的地方 > 用选区选中 > 选择羽化 > 调出曲线 > 轻微细调即可得到结果。

★ PS 是 32 位 设计软件，为了正确地观看文件，须将屏幕设置为 24 位彩色。

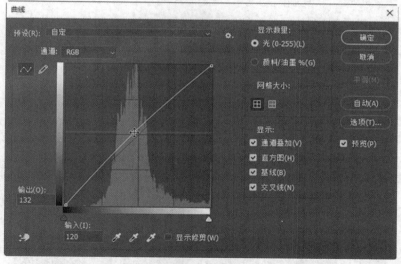

★ 先执行"视图"→"新视图"命令，产生有关新视窗后，再执行"视图"→"预览"→"CMYK"，即可同时观看两种模式的图像。

案例 48　白描人像之一

步骤一、选择单通道图像

打开一个图片文件 > 进入通道面板以后，选择红色通道 > 按 Ctrl+A 全选 > Ctrl+C 复制。

★ 单击视窗上的吸管或十字标，就可由弹出式菜单更改尺寸及色彩模式。

 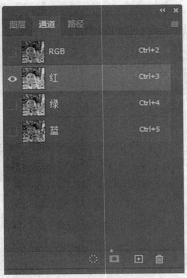

步骤二、复制图层

新建图层按 Ctrl+V 粘贴 > 再复制一层 > 在两黑白图层间添加一白色背景层 > 选择最上层用滤镜 > 其他 > 高反差保留滤镜 > 调整适当像素。

★ 按住 Shift 点击颜色面板下的颜色条可以改变其所显示的色谱类型。也可以在颜色条上单击鼠标右键，从弹出的颜色条选项菜单中选取其他色彩模式。

 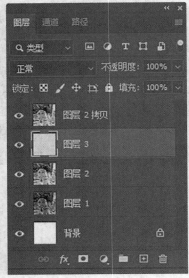

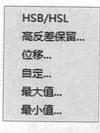

★ 在调色板面板
上的任一空白（灰
色）区域单击可在
调色板上加进一个
自定义的颜色，按
住 Ctrl 键点击为减
去一个颜色，按住
Shift 点击为替换一
个颜色。

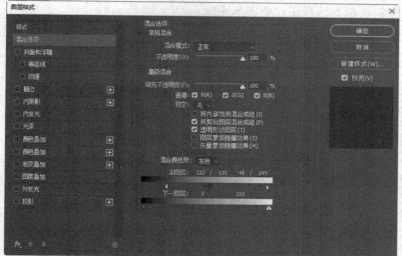

★ 通过拷贝粘贴
PS 拾色器中所显示
的 16 进制颜色值，
可以在 PS 和其他程
序（其他支持 16 进
制颜色值的程序）
之间交换颜色数据。

步骤三、图层混合模式

选择图层混合模式，混合颜色带为灰色，按 Alt 移动本图层白三角，调整至白描图像。

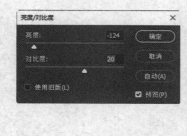

★ 打开颜色范围对话框时，可按 Ctrl 键做图像与选取预览的切换。

步骤四、线条加黑

按 Ctrl+Shift+Alt+E 盖印 > 图像调整 > 亮度对比度调整 > 再复制一层 > 选择正片叠底 > 完成。

★ 若按 Shift 键可使吸管变成有 "＋" 符号的加选吸管，若按 Alt 键则会使吸管变成有 "－" 符号的减选吸管。

★ 按 Shift+Backspace 可直接调出填色对话框。

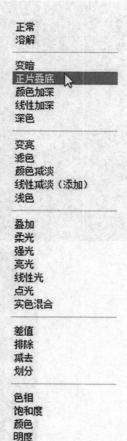

案例 49　白描人像之二

步骤一、去色

打开一图片文件 > 选择图像 > 调整 > 去色 > 再复制一层。

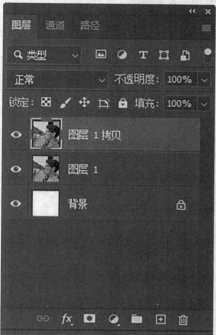

亮度/对比度(C)...	
色阶(L)...	Ctrl+L
曲线(U)...	Ctrl+M
曝光度(E)...	
自然饱和度(V)...	
色相/饱和度(H)...	Ctrl+U
色彩平衡(B)...	Ctrl+B
黑白(K)...	Alt+Shift+Ctrl+B
照片滤镜(F)...	
通道混合器(X)...	
颜色查找...	
反相(I)	Ctrl+I
色调分离(P)...	
阈值(T)...	
渐变映射(G)...	
可选颜色(S)...	
阴影/高光(W)...	
HDR 色调...	
去色(D)	Shift+Ctrl+U
匹配颜色(M)...	
替换颜色(R)...	
色调均化(Q)	

★　在选色控制板上直接切换色彩模式，可按住 Shift 键后将光标移到色彩杆上单击鼠标即可。

★　要把一个彩色的图像转换为灰度图像，通常的方法是用"图像"→"模式"→"灰度"，或"图像"→"去色"。

步骤二、反相

在复制的图层上选择图像 > 调整 > 反相 > 将图层混合模式改为颜色减淡。

★ 步骤是首先把图像转化成 Lab 颜色模式："图像" → "模式" → "Lab 颜色"，然后来到通道面板，删掉通道 a 和通道 b，你就可以得到一幅灰度更加细腻的图像了。

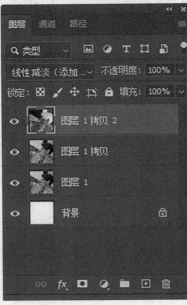

★ 按 下 Ctrl 键，用鼠标点击预览区域，图像放大；按下 Alt 键，用鼠标点击预览区域，图像缩小。

步骤三、模糊

选择滤镜 > 模糊 > 高斯模糊 > 调整适当像素 > 合并图层 > 按 Ctrl+Shift+Alt+E 盖印 > 再复制一层 > 将图层混合模式为正片叠底 > 再复按 Ctrl+Shift+Alt+E 盖印 > 将图层混合模式为线性加深 > 再复按 Ctrl+Shift+Alt+E 盖印 > 将图层混合模式为正片叠底 > 如果感觉反差不够强烈，可再重复以上步骤直至满意为止。

★　制作透明背景的图片：

一般来说，网络中的透明背景的图片都是 GIF 格式的，在 PS 中可以先使用指令 "图像" → "模式" → "索引颜色" 将图片转成 256 色，再使用指令 FileExportGIF89a 将图片输出成可含有透明背景的 GIF 图档，当然别忘了在该指令视窗中使用 PS 的选色滴管将图片中的部分色彩设成透明色！

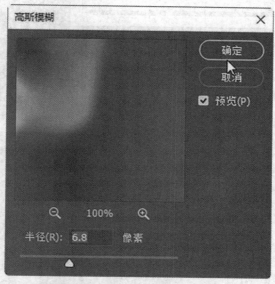

★ 在 GIF 图上写上中文，字迹为何不连续？先把 GIF 转成 RGB，写完字再转回 Index Color。

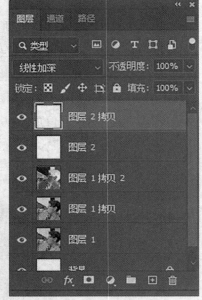

★ 如果图像明亮的色彩因执行 USM 锐化命令而产生过度的现象时，可以先将图像转换成 Lab 颜色模式，然后在明度通道中执行 USM 锐化命令，这样不但可以达到图像清晰的目的，也可以避免对色彩产生影响。

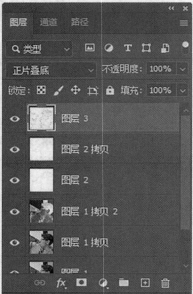

步骤四、洗脸

笔刷清除斑点 > 图像 > 调整 > 曲线。

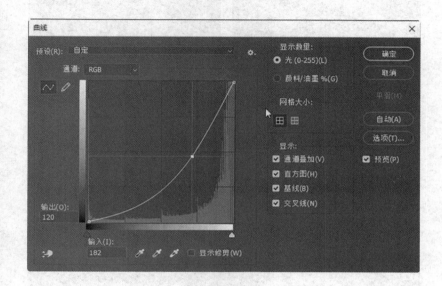

★ 若要检查由扫描仪输入的图像是否理想，可以打开信息调板观察图像的亮部数值及暗部数值。

★ 当亮部数值达到 240 而暗部数值达到 10 时，表明这个图像包含足够的细节。

案例 50　简单图片处理手法

步骤一、明暗修改

打开一图片文件 > 按 Ctrl+Alt+Shift+E 盖印图层 > 选择图层 2 > 用套索工具将面部选中 > 选择 > 修改 > 羽化 > Ctrl+B 曲线 > 调亮。

★ 若要将彩色图片转为黑白图片，可先将颜色模式转化为 Lab 模式，然后点取通道面板中的明度通道，再执行"图像"→"模式"→"灰度"命令，由于 Lab 模式的色域更宽，转化后的图像层次感更丰富。

★ 在使用 PS 时，我们常常需要从大量的图库中寻找合适的素材图片，这时可用看图软件来帮忙。

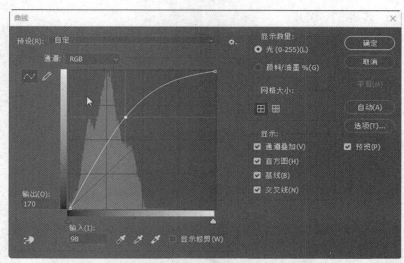

★ 什么图片适合
"减肥"？

总的来说，要
根据要求的图片质
量来做出相应的"减
肥措施"。

★ 有些图总是要
进行修改，如果轻
易把它合并之后点
击存盘的话，那么
日后的修改工作就
会变得复杂。

步骤二、磨皮

选择图层 2 > 盖印 > 选择图层 3 > 按 Ctrl+I 将上层图层反相 > 再将上层图层的混合模式改为叠加 > 选择滤镜其他的高反差保留 > 选高斯模糊 > 按 Ctrl+Alt+Shift+E 盖印 > 完成磨皮。

★ 因为存储之后就不能再进行还原拆分图层了，大家要三思而后行哦。因此，不要一味追求质量而忽视了容量，并给将来带来不可预知的麻烦！

★ 图像文件"减肥"

重新调整图像尺寸：较大尺寸的图像占据较多的磁盘空间，因为它有更多的像素。

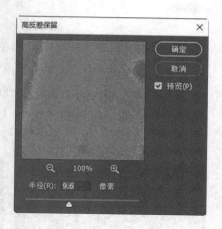

★ 但如果试图使用标记中的 WIDTH 和 HEIGHT 属性来调整图像的大小，那么会很失望，因为那样并不节省下载时间。

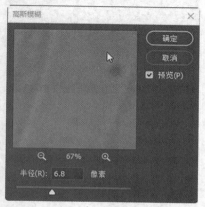

★ ①使用缩略图：通过设置一个很小的图像版本，使得用户单击它来看到全图。但应该在它旁边注明全图尺寸以便用户决定是否观看全图。

步骤三、抠图

根据不同的图片情况可以用魔棒、快速选择工具或钢笔等工具抠图，因图而异，本图片用钢笔比较适合。

选择图层 4 > 将图片放大 200% 以上 > 用钢笔工具沿边界将人像抠出 > Ctrl+J 复制出抠出的人像。

★ ②以 JPEG 存储 GIF：对有许多颜色的图像来说 JPEG 压缩最适用。

★ ③ 增加压缩比：如果是一个 JPEG 文件，可以用一个更高的压缩比再重新保存它，以便减小文件尺寸。但别忘了代价：较高的压缩比降低图像质量。

步骤四、裁图

将构图和布局改善，把不需要的地方给裁切掉，使人的注意力和焦点强调出来。

选择裁切工具 > 选择出区域 > 回车 > 完成。

④降低颜色深度：一个 GIF 图像的颜色深度最多为 8 位 (256 种颜色)，每一像素所存信息较少，最终文件也会较小。

步骤五、添加特殊效果

更换不同的背景，得到不同的视觉效果。

⑤调整图像对比水平缩减这些值通常可以减小文件尺寸。

案例 51　置换图滤镜用法

步骤一、打开图片

置换图的技术比较常用，通常用于将贴图贴到一个背景贴图中，但是有些情况下，用类似叠加方法贴图，没有真实感，用置换图工具就能很好地解决这个问题。

打开两张图片 > 一张用作贴图，一张用作背景 > 将两张图放到一个文件中。

⑥抑制抖动：抖动是指用现有调色板中的颜色来接近调色板中没有的颜色。抖动增大 GIF 文件大小。

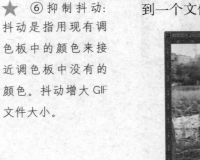

步骤二、背景图处理

复制背景图并选择图像 > 去色 > 模糊 > 高斯模糊 > Alt+Ctrl+F 多次重复 > 选择图像 > 调整 > 对比度。选择图像 > 复制 > 将其存成 psd 文件存到临时文件夹中，此临时文件即是置换文件。

如何给有字体的"图片减肥"？

很多时候我们喜欢用 PS 的"字体"功能给图片加上几个字，使画面更漂亮。

★ 但这个画龙点睛之笔也许会让占用的空间大小由几十K变为以M计数。奇怪,为什么变化会突然这么大呢?

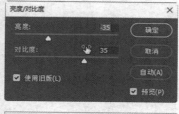

★ 其实面对这种情况你合并图层之后,再用其他工具如看图软件转变格式或另存为其他格式之后删除原来的图片自然就变小啦!一般存为jpg格式比较合适。

步骤三、置换处理

选择卡通猪贴图文件 > 选择滤镜扭曲置换 > 选默认值 > 选取置换文件 > 置换 > 卡通文件顺着纹理进行自动变形 > 选择正片叠底 > 关闭置换文件显示 > 完成置换。

★ 如果图片的质量要求不太高可以先合并图层，接着把它转变为 index color（256 色以下）或者在 .jpg 格式的基础上控制大小。

★ 文件"减肥"

比如，在 PS 里面把一个 *.TIF 文件另存，本来 100 多 K 的文件怎么会变成 3M 多？其实只要再换一种格式，之后删除原来的文件就可以了。

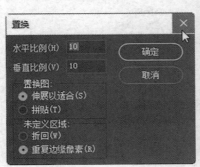

★ 黑白图篇扫描
成何种格式文件

步骤四、修饰

在卡通层添加蒙版 > 将被遮住的部分擦除 > 完成置换图制作。

★ 如果是图表的
就用 gif 格式，如果
是照片就 jpg。

★ 黑白图片建议
先转换成灰度，然后
保存为 gif；如果颜
色在 256 以下的，用
gif 就最好；如果是真
彩色，就一定要 jpg。

★ 由实到虚的
过渡

案例 52 用通道抠毛发

步骤一、处理背景色

打开一个狗狗图片 > 分析其背景和狗狗颜色反差适合用通道法处理 > 复制图片并处理背景 > 用选区选择背景中比较亮的部分 > 选择修改 > 羽化 > 羽化参数大一些 > Ctrl+M 调出曲线 > 将其调暗 > 不满意可用 Ctrl+L 色阶调整 > 如此反复直至满意。

★ 在 PS 里如何
实现某一选定区域
或图层的不透明度
由高到低渐变呢?

★ 很简单只要羽
化选区或做个图层
遮罩，再新建一个层
把它做成黑白渐变，
然后把需要做效果
的层选屏幕合并。

边界(B)...
平滑(S)...
扩展(E)...
收缩(C)...
羽化(F)   Shift+F6

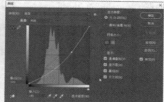

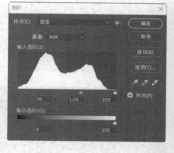

★ 也可以使用梯度的 mask 将这个区域或图层从上方为100% 不透明度过渡到最下方的0%。这些百分值还可以随意更改。

★ 图像混合叠加：
广告设计中，图像的合成与叠加是经常用到的。其实实现功能很简单：打开主图像，作为背景图。

步骤二、通道处理

复制图层 > 进入图层通道 > 选择与背景反差大的通道 > Ctrl+A 全选 > Ctrl+C 复制 > 新建 Alpha1 通道 > Ctrl+V 粘贴 > 复制 Alpha1 通道 > 在纯黑处画一矩形选区 > 按 Ctrl+Alt 移动覆盖发白的区域 > 复制 Alpha1 拷贝 2 通道 > 将狗狗中间部分用白色涂抹 > 细心将周围灰色的用仿制图章擦除 > 得到狗狗选区。

★ 接着打开另一图，Ctrl+A 全选，Ctrl+C 拷贝。

★ 回到主图像，Ctrl+V 粘贴。在此出现一个新层。在这层中，选模式为 Multiply 或 screen。这时，两幅图像已经叠加在一起。

★ 最后调整图像的位置到最好。很艺术的效果是不是出现了！

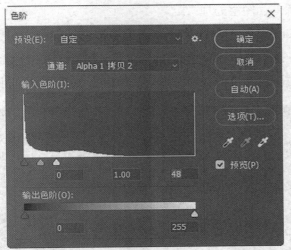

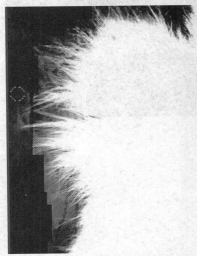

 如何在 PS 实现画虚线的功能：

双击想用的 Brush，在 Spacing 处把 100% 改得更大些，就会留下空隙了，然后用 Brush 画。先画路径，定义 Brush：Space 设在 200 以上，打开 Path 面板——StorkePath。

 去除毛边：

可以试着用路径工具或魔术棒勾出图像的外轮廓，再用"选择"的"羽化"，然后反选再删除，可能会好一点。

步骤三、图层处理

按 Ctrl 点击 Alpha1 拷贝 2 通道提取选区 > 到图层窗口选取背景图 > 按 Ctrl+J > 抠出狗狗的全身照 > 在背景层上方建新图层 > 填充任意颜色 > 可以看到毛茸茸的狗狗在任意背景下的图片。

★ 怎样才能存储扣出来的图而不要后面的底色?

★ 将虚线所选区域"Copy",然后"Paste",接着删掉底层,最后"Ctrl+S"。

★ 注意存储格式应为,PSD 格式或者,EPS 格式或,AI 格式。

案例 53　书法字提取及用法

步骤一、选书法字

打开某大学网站,一般在顶部都有大学的名称和标志。

按 Ctrl+ 鼠标滚轮放大 > 按 Win+Shift+S 截图 > 打开 PS 软件 > Ctrl+N 新建 > 默认确定 > Ctrl+V 粘贴。

★　快速填充:

打开要填充的图片,执行 Ctrl + A,选择全部图像,执行"编辑"→"定义图案",将图片定义为图案再执行"编辑"→"填充"。

★　去除图片的网纹:

① 扫一张画报或杂志的图片。

一般情况下,网纹的产生是由于画报或杂志印刷用纸的纹理较粗糙而造成的。

243

步骤二、文字矢量化

选择图像>将图片调小，分辨率调到 2000 以上>魔棒选中文字> Ctrl+J 复制到透明图层>用魔棒选择黑色文字并选取相似> Ctrl+J 复制出去掉白边的文字> Ctrl+J 复制>再次调整分辨率>让文字载入选区>选择路径>将选区转换成路径>完成文字矢量化。

★ 在扫描时,dpi 的值应该设置得高一些，分辨率越高，扫出的图片也就越大，相对的精细程度也就越高。

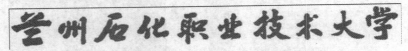

★ 较高的分辨率会为下一步的图片缩小和滤镜处理创造良好的条件。

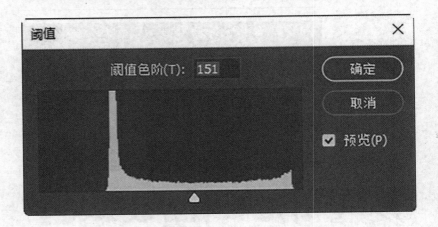

② 把图片调整到合适的大小。

在"图像"菜单下选择"图像大小"选项,弹出"图像大小"对话框,确定其下的限制比例选项为勾选状态,在像素尺寸中将 Width 后的像素改为百分数。

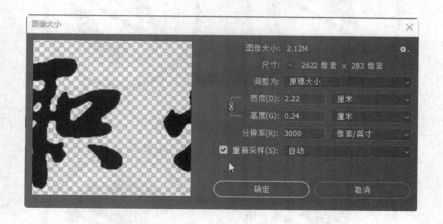

此时的 Width 值变为 100,这时你可以输入所需的百分数值,将图片等比缩小。缩小后的网纹情况已减弱。

步骤三、完善标志 Ctrl+N 新建 A4 画布 > 复制矢量化文字 > Ctrl+ 回车转换为选区 > 填充颜色 > 调出第四章案例标志 > 画出参考线 > 以参考线中心为原点 > 画圆 > 描边 > 画一小的同心圆 > 路径文字写 1956 > 同理写出英文。

★ ③ 用高斯虚化消除网纹。在"窗口"菜单中选择"显示通道"，这时出现了通道面板，四个通道分别为 RGB、Red、Green 和 Blue。选择 Red 通道，图片显示为黑白效果。

★ 在"滤镜"菜单中选择"模糊"→"高斯模糊…"，即弹出高斯模糊对话框。调整半径值，控制虚化的范围，使 Red 通道中的网纹几乎看不到，图片内容微呈模糊状即止。

步骤四、标志上用书法字

因书法字不在字库中，所以需要一个字一个字摆上去＞选中"兰"＞将其放到标志正上方＞按 **Ctrl+T** 变换＞按 **Ctrl+Alt** 将中心点放到参考线十字心＞旋转到适当位置＞其余文字同理＞完成标志使用书法字。

★ 接着照此方法分别调整 Green 和 Blue 通道，以使该通道中的网纹消失。

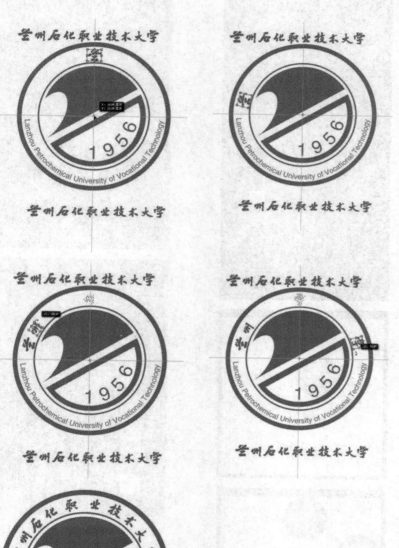

★ 最后回到 RGB 通道，这时的图片已经没有网纹的干扰了。

★ 注意：Radius 的值不可设置得过大，以免造成对 RGB 通道的影响过大使图片变朦胧。

案例 54　简单动画

步骤一、素材准备

Ctrl+N 新建 800×800 图层 > 在新图层上做一个小球 > 复制上 5 个图层 > 将每个图层上的小球移动到不同位置。

如果网纹过于清晰以导致半径值设置较大，那么 RGB 通道中图片会有些模糊。如果想使图片的内容清晰一些，还可以执行"滤镜"菜单中的"锐化"清晰效果。

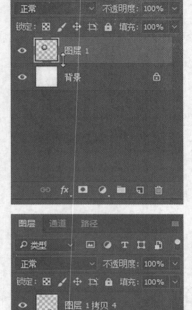

★ 最后，再用"图像"菜单中的"调整"→"色阶"或"亮度/对比度"选项设置你所需的对比度等数值，以达到最终满意的效果。

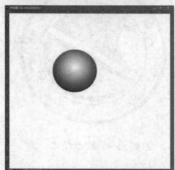

步骤二、动画设置

打开窗口 > 选择时间轴 > 点击创建动画 > 留第一帧把其他图层的眼睛全部关掉 > 点击复制所选帧 > 将图层 1 的眼睛关掉 > 图层 2 的眼睛打开 > 如此反复 > 在每一帧下方，向下箭头可以设置延迟时间，也可以选择全部一次设置帧延迟 > 按播放键就可以看到小球的动画效果。

★ 快速打开文件—双击 PS 的背景空白处（默认为灰色显示区域）即可打开选择文件的浏览窗口。

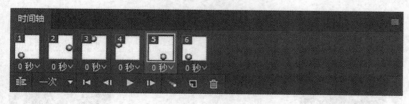

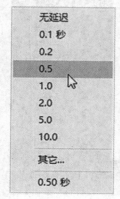

★ 随意更换画布颜色——选择油漆桶工具并按住 Shift 点击画布边缘，即可设置画布底色为当前选择的前景色。

步骤三、动画存储

选择文件 > 导出为 > 在文件设置中选取 gif 格式 > 点击全部导出 > 保存文件 > 得到动画图片。

将时间轴窗口转换为视频时间轴 > 点击右上角选项 > 选择渲染视频 > 根据需要设置文档大小和文件存储的位置 > 渲染 > 得到 MP4 视频文件。

★ 如果要还原到默认的颜色，设置前景色为 25％灰度（R192，G192，B192）再次按住 Shift 点击画布边缘。

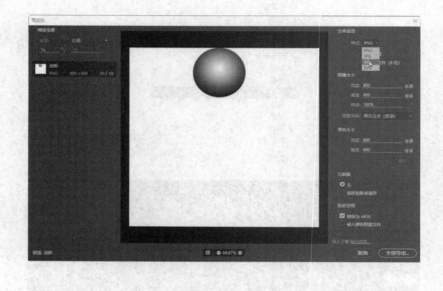

★ 如果按住 Alt 键后再单击显示的工具图标，或者按住 Shift 键并重复按字母快捷键则可以循环选择隐藏的工具。

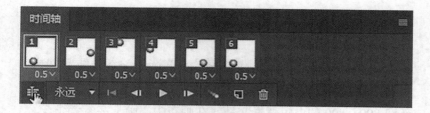

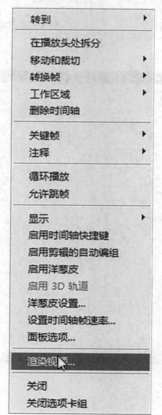

★ 获得精确光标—按 CapsLock 键可以使画笔和磁性工具的光标显示为精确十字线，再按一次可恢复原状。

★ 显示／隐藏控制板—按 Tab 键可切换显示或隐藏所有的控制板（包括工具箱）。

★ 按 Shift+Tab 则工具箱不受影响，只显示或隐藏其他的控制板。

案例 55　写实手表

步骤一、设置视图

打开 Photoshop 2022> 选择编辑 > 首选项 > 参考线与网格 > 将网格线间隔设为 40 像素 > 子网格为 4> 选择视图 > 显示网格 > 新建 800×800 的白色背景文件 > 在画布中心画十字参考线。

★　快速恢复默认值——有些不擅长 PS 的朋友为了调整出满意的效果几经周折,结果发现还是原来的默认效果最好。怎么恢复到默认值?试着轻轻点按选项栏上的工具图标,然后从上下文菜单中选取"复位工具"或者"复位所有工具"。

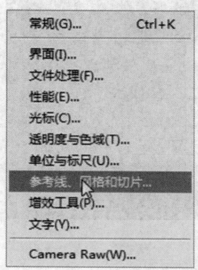

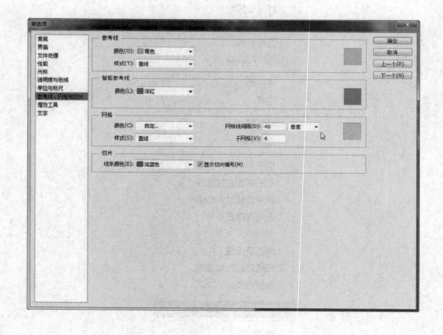

新建

名称(N)：手表篇-2

预设(P)：自定

大小(I)：

宽度(W)：800　　　　像素

高度(H)：800　　　　像素

分辨率(R)：72　　　　像素/英寸

颜色模式(M)：RGB 颜色　　　8 位

背景内容(C)：透明

高级

确定

取消

存储预设(S)...

删除预设(D)...

图像大小：
1.83M

★ 自由控制大小—缩放工具的快捷键为"Z"，此外"Ctrl ＋空格键"为放大工具，"Alt ＋空格键"为缩小工具，但是要配合鼠标点击才可以缩放；相同按 Ctrl＋ "＋" 键以及 "－" 键分别也可为放大和缩小图像；Ctrl＋Alt＋ "＋" 和 Ctrl＋Alt＋ "－" 可以自动调整窗口以满屏缩放显示。使用此工具你就可以无论图片以多少百分比来显示的情况下都能全屏浏览！

步骤二、画手表外轮廓

新建图层＞选择矢量工具＞路径＞椭圆＞点十字中心按 Shift+Alt 指定点为中心画正圆＞注意吸附到网格上＞再画一小圆得到一圆环＞选择矩形工具＞吸附到网格上画上下两个相同的矩形＞选择路径选择工具＞白箭头＞将上下矩形改为梯形＞选择圆梯形合并路径＞再画上下小矩形＞进行路径的相减运算得到手表的外轮廓。

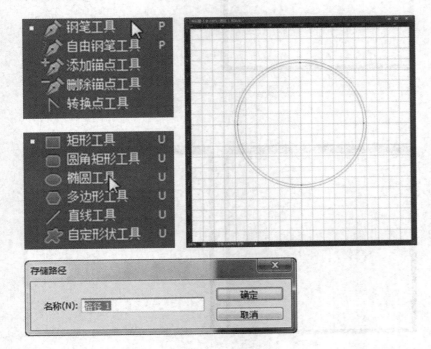

★ 如果想要在使用缩放工具时按图片的大小自动调整窗口，可以在缩放工具的属性条中点击"满画布显示"选项。

★ 使用非 Hand Tool（手形工具）时，按住空格键后可转换成手形工具，即可移动视窗内图像的可见范围。

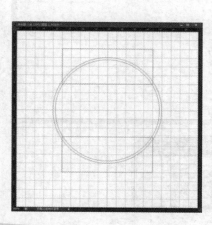

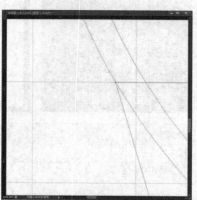

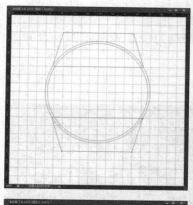

新建图层

✔ 合并形状

减去顶层形状

与形状区域相交

排除重叠形状

合并形状组件

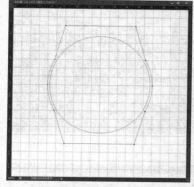

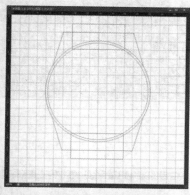

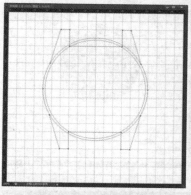

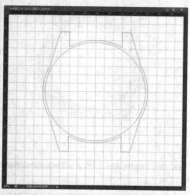

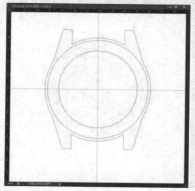

★ 在手形工具上双击鼠标可以使图像以最适合的窗口大小显示，在缩放工具上双击鼠标可使图像以 1：1 的比例显示。

★ 在使用 Erase Tool（橡皮擦工具）时，按住 Alt 键即可将橡皮擦功能切换成恢复到指定的步骤记录状态。

步骤三、画手表内轮廓

点十字中心按 Shift+Alt 以指定点为中心画两正圆 > 合并为一圆环。

★ 使 用 Smudge Tool（指尖工具）时，按住 Alt 键可由纯粹涂抹变成用前景色涂抹。

★ 要 移 动 使 用 Type Mask Tool（文字蒙版工具）打出的字形选取范围时，可先切换成快速蒙版模式（用快捷键 Q 切换），然后再进行移动，完成后只要再切换回标准模式即可。

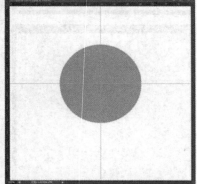

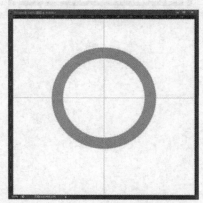
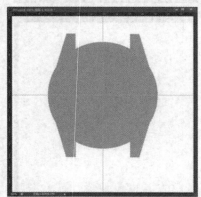

★ 按住 Alt 键后，使用 RubberstampTool（橡皮图章工具）在任意打开的图像视窗内单击鼠标，即可在该视窗内设定取样位置，但不会改变作用视窗。

步骤四、在图层中处理手表外形

选择路径一 >Ctrl+ 回车 > 转换为选区 > 切换到图层窗口 > 新建图层填充 50% 灰 > 同理路径二、三中的圆环和圆放置到新图层中。

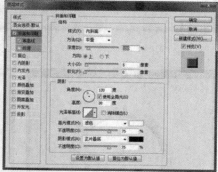

★ 使用磁性套索工具或磁性钢笔工具时，按"["或"]"键可以实时增加或减少采样宽度（选项调板中）。

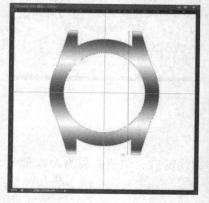

步骤五、在图层中处理表壳

载入表壳选区 > 选择金属渐变 > 线性 > 按 Shift 垂直拉出 > 载入圆环选区 > 选择图层样式浮雕。

★ 度量工具在测量距离上十分便利（特别是在斜线上），同样可以用它来量角度（就像一只量角器）。

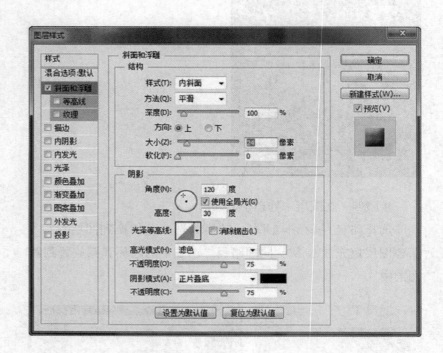

★ 在信息面板可视的前提下，选择度量工具点击并拖出一条直线，按住 Alt 键从第一条线的节点上再拖出第二条直线。

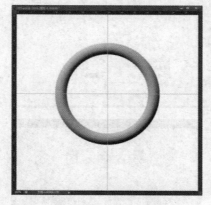

步骤六、调出金属效果

在表壳图层按 Ctrl+M> 调出曲线窗口 > 调整曲线为 MW 形 > 同理调出圆环的金属效果。

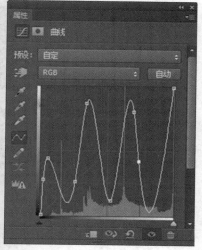

★ 这样两条线间的夹角和线的长度都显示在信息面板上。

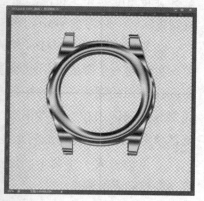

★ 用测量工具拖动可以移动测量线（也可以只单独移动测量线的一个节点），把测量线拖到画布以外就可以把它删除。

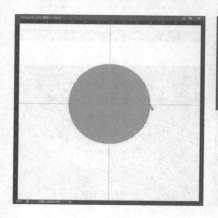

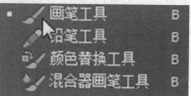

★ 使用绘画工具（如画笔，向笔等），按住 Shift 键单击鼠标，可将两次单击点以直线连接。

★ 按住 Alt 键用吸
管工具选取颜色即可
定义当前背景色。

步骤七、制作表盘刻度

①新建一路径图层 > 用矩形工具沿着十字线中心画一细长矩形 > 矩形宽度约 3 像素，长度跟直径一样 > 旋转中心即为十字星 > 旋转角度为 6° > 按两次回车键 > 按 Ctrl+Shift+Alt+T> 连续按直到直线转一圈为止 >Ctrl+ 回车转换为选区。

★ 通过结合颜色
取样器工具（Shift+I）
和信息面板监视当
前图片的颜色变化。

②新建一图层 >Alt+Del 填充黑色 > 把图层旁边的眼睛先关掉 > 再新建一个图层 > 用矩形选区工具画一个长度跟直径一样、宽度比前面的要大一倍的矩形 > 调整渐变的渐变条 > 两边灰中间黑 > 在选区中拉一线性渐变 > 按 Ctrl+T 自由变换 > 旋转中心就是参考线的十字星 > 旋转角度为 30° 旋转一周。

③再画一大一小两个圆形选区 > 分别将中间的多余部分删除，即得到表的刻度。

★ 变化前后的颜
色值显示在信息面
板上其取样点编号
的旁边。

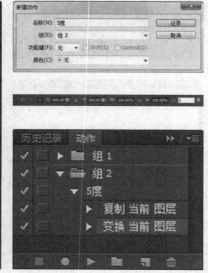

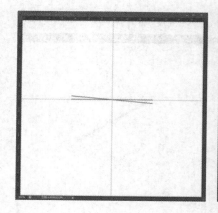

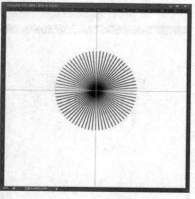

★ 通过信息面板上的弹出菜单可以定义取样点的色彩模式。

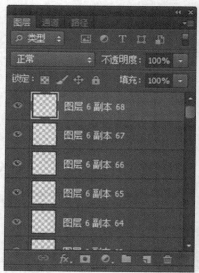

★ 要增加新取样点，只需在画布上用颜色取样器工具随便什么地方再点一下，按住 Alt 键点击可以除去取样点。但一张图上最多只能放置四个颜色取样点。

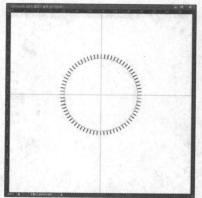

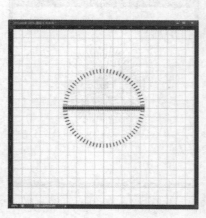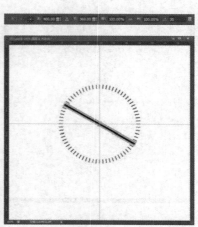

★ 当 PS 中有对话框（例如：色阶命令、曲线命令等等）弹出时，要增加新的取样点必须按住 Shift 键再点击，按住 Alt+Shift 点击可以减去一个取样点。

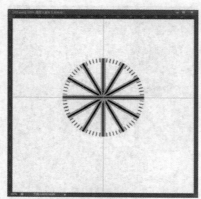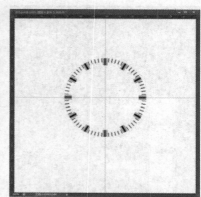

步骤八、制作表盘指针

切换到路径窗口 > 在十字星中心画一个小圆 > 再画一个细长矩形 > 用白箭头调整尖形合并路径 > 新建图层填充颜色。

★ 在调整裁切边框的时候接下"Ctrl"键，那么裁切框就会服服帖帖，让你精确裁切。

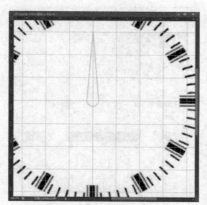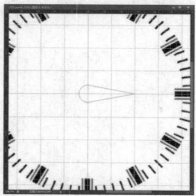

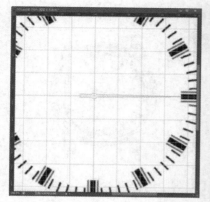

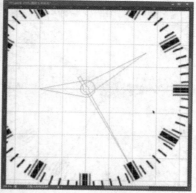

★ 按住 Ctrl+Alt 键
拖动鼠标可以复制
当前层或选区内容。

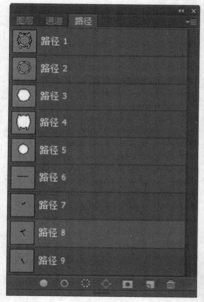

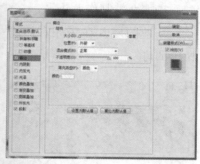

★ 如果最近拷贝
了一张图片存在剪
贴板里，PS 在新建
文件（Ctrl+N）的时
候会以剪贴板中图
片的尺寸作为新建
图的默认大小。要
略过这个特性而使
用上一次的设置，
在打开的时候按住
Alt 键（Ctrl+Alt+N）。

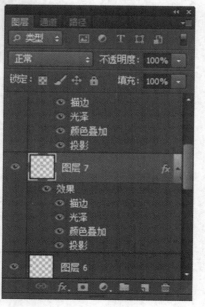

步骤九、制作龙头

新建图层 > 在表壳右侧画一个小矩形选区 > 调整渐变条 > 拉出即可。

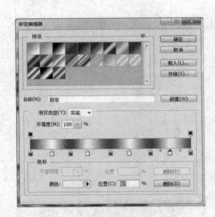 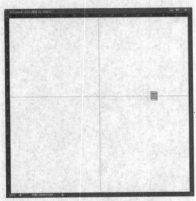

步骤十、制作表带

画一个矩形选区 > 选择金属渐变 > 填充选区 > 按住 Ctrl+Alt 键复制 > 排列 > 调整表带的大小放置背景上。

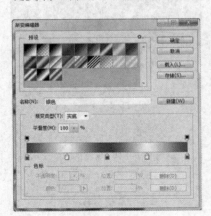 

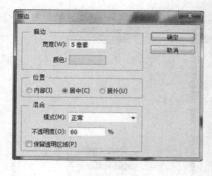

★ 在使用自由变换工具（Ctrl+T）时，按住 Alt 键（Ctrl+Alt+T），即可先复制原图层（在当前的选区）后在复制层上进行变换；Ctrl+Shift+T 为再次执行上次的变换，Ctrl+Alt+Shift+T 为复制原图后再执行变换。

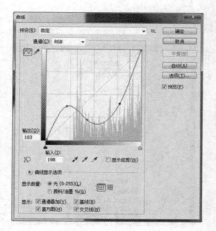

★ 使用"通过复制新建层（Ctrl+J）"或"通过剪切新建层（Ctrl+J）"命令可以在一步之间完成拷贝到粘贴和剪切到粘贴的工作；通过复制（剪切）新建层命令粘贴时仍会放在它们原来的地方，然而通过拷贝（剪切）再粘贴，就会贴到图片（或选区）的中心。

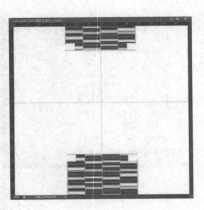

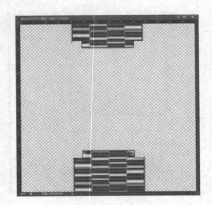

★ 若要直接复制图像而不希望出现命名对话框，可先按住 Alt 键，再执行"图像"→"副本"命令。

步骤十一、最后处理

新建图层 > 关闭背景层眼睛 > 按 Ctrl+Alt+Shift+E 盖印 > 复制图层 > 调整位置完成。

★ PS 的剪贴板很好用，但你更希望直接使用 Windows 系统剪贴板好的，按下 Ctrl + K，在弹出的面板上将"输出到剪贴板"点中吧！

案例 56　图片批量处理

图片批量处理的重要性

①并不是什么图片都能用于排版印刷的，网络上下载的图，在电脑屏幕上看挺好，但实际印刷后就会严重偏色，图片不清晰，图片太小，强行放大到需要的尺寸导致出现马赛克等。

②电脑屏幕分辨率比较低，图片的缺陷不容易发现。网络存储图片分辨率一般都是 72dpi，但是印刷要求图片分辨率是 300dpi 以上，不仅要求分辨率高，图片的色彩模式必须是 CMYK 印刷模式，图片的存储格式不能是 jpg 或其他格式，一定是以下四种格式：tif、psd、pdf、eps。所以必须用 Photoshop 软件处理。

步骤一、图片批量处理前的准备

在用 Ps 软件处理图片之前，必须将要排版的图片做好备份，尽量做两套以上，以防止在操作不熟练的情况下，造成不可挽回的损失。务必切记！将要处理的图片放到一个文件夹中，如果图片有横式、立式，大小尺寸不同，或图片量大（100 以上），最好将其分类，放到不同的文件夹中，一个文件夹一个文件夹地处理，效率会极大提高。

步骤二、备份文件

做好图片文件夹的备份＞在备份好的文件夹中取出横式、立式、大小不一的文件分别放到不同的文件夹中，如横式文件夹、立式文件夹、小图文件夹等。

步骤三、大量图片排队

打开要处理的文件夹＞Ctrl+A 选所有图片＞将它拖放到 ps 软件中＞选择窗口排列＞全部垂直拼贴＞再激活中间任意文件。

★ 在 PS 内实现有规律复制——在做版面设计的时候，会经常把某些元素有规律地摆放以寻求一种形式的美感。

★ 在 PS 内通过四个快捷键的组合就可以轻易得出。

（1）圈选出你要复制的物体。

（2）按 Ctrl+J 产生一个浮动 Layer，

（3）按旋转并移动到适当位置后确认。

（4）现在可以按住 Ctrl+Alt+Shift 后连续按"T"就可以有规律地复制出连续的物体（只按住 Ctrl+Shift 则只是有规律移动）。

★ 当我们要复制文件中的选择对象时，要使用编辑菜单中的复制命令。

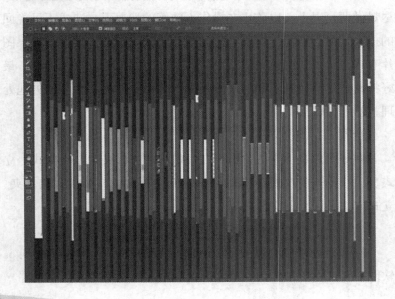

步骤四、新动作定义

按 Alt+F9 调出动作面板 > 新建动作 > 动作名称可以按照你想要的图片宽度命名 > 选择图像 > 图像大小 > 在图像大小面板中改写调整的图片尺寸及分辨率 > 按确定键后 > 点击激活下一个文件 > 再按动作面板中的 stop 按钮（圆点右边的方块）完成动作录制。

步骤五、播放动作

不断按播放键（三角）> 可以看到文件激活文件 > 一个一个地向后显示，直到循环一周 > 完成所有文件的调整。

★ 复制一次也许觉不出麻烦，但要多次复制，点击就相当不便了。

★ 这时可以先用选择工具选定对象，而后点击移动工具，再按住"Alt"键不放。

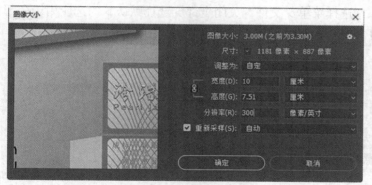

★ 当光标变成一黑一白重叠在一起的两个箭头时，拖动鼠标到所需位置即可。

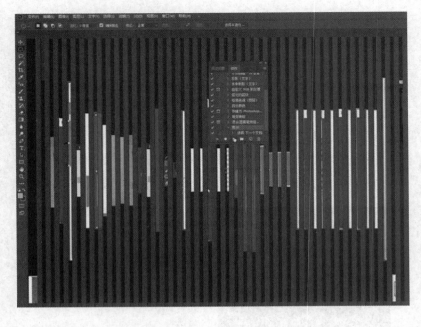

★ 若要多次复制，只要重复的放松鼠标就行了。

★ 可以用选框工具或套索工具，把选区从一个文档拖到另一个上。

步骤六、批量存储文件

选择菜单 > 文件 > 关闭全部 > 选择默认 > 勾选应用于全部 > 只需要一直按回车键，就完成了批量图片的处理。

★ 要为当前历史状态或快照建立一个复制文档：

（1）点击"从当前状态创建新文档"按钮，

（2）从历史面板菜单中选择新文档，

（3）拖动当前状态（或快照）到"从当前状态创建新文档"按钮上。

（4）右键点击所要的状态（或快照）从弹出菜单中选择新文档把历史状态中当前图片的某一历史状态拖到另一个图片的窗口可改变目的图片的内容。

做到这一步处理就结束了，如果说这些图片要提交印刷，可以用上面的方法将这些图片处理成 CMYK 模式文件存储为 TIFF 格式。

步骤七、再演示处理或 CMYK 模式

①选择做好备份的文件夹 > Ctrl+A 选择所有的文件 > 直接拖入 PS 软件中 > 如果文件非常多，可以选择全部垂直拼贴。

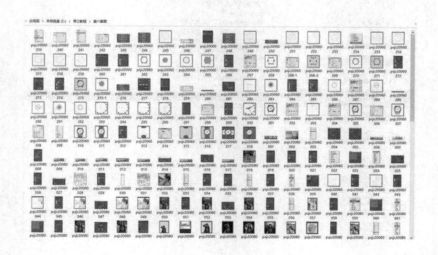

★ 按住 Alt 键点击任一历史状态（除了当前的、最近的状态）可以复制它。而后被复制的状态就变为当前（最近的）状态。

②新建动作 > 可以取名为转换图片模式 > 选择图像 > 模式 > CMYK > 选择文件 > 存储为 TIFF 格式 > 在 TIFF 格式选项中选择确定 > 选择下一文件 > 按停止录制。

★ 按住 Alt 拖动动作中的步骤，可以把它复制到另一个动作中。

★ 把选择区域或层从一个文档拖向另一个时，按住 Shift 键可以使其在目的文档上居中。

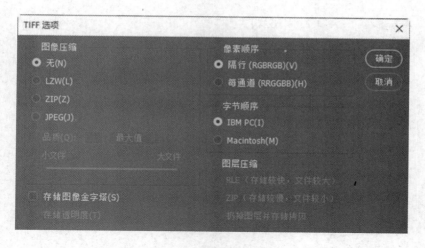

③选择三角播放键，直至转换完成＞关闭全部＞批量完成转换好格式的文件。

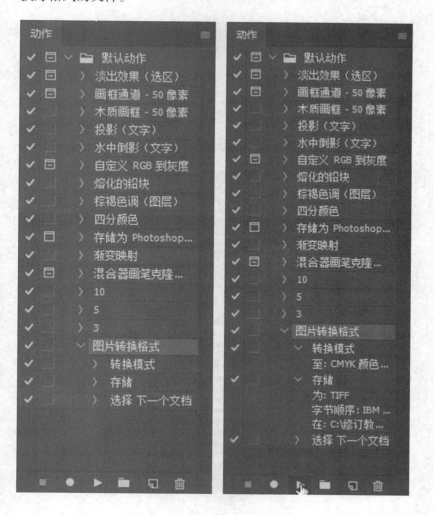

★ 如果源文档和目的文档的大小（尺寸）相同，被拖动的元素会被放置在与源文档位置相同的地方（而不是放在画布的中心）。

★ 如果目的文档包含选区，所拖动的元素会被放置在选区的中心。

★ 在动作调板中单击右上角的三角形按钮，从弹出的菜单中选择载入动作，进入 PS\Goodies\Actions 目录下；其下有按钮、规格、命令、图像效果，文字效果、纹理、帧六个动作集，包含了很多实用的东西哟！

新建(N)...	Ctrl+N
打开(O)...	Ctrl+O
在 Bridge 中浏览(B)...	Alt+Ctrl+O
打开为...	Alt+Shift+Ctrl+O
打开为智能对象...	
最近打开文件(T)	▶
关闭(C)	Ctrl+W
关闭全部	Alt+Ctrl+W
关闭并转到 Bridge...	Shift+Ctrl+W
存储(S)	Ctrl+S
存储为(A)...	Shift+Ctrl+S
恢复(V)	F12
导出(E)	▶
生成	▶
共享...	
在 Behance 上共享(D)...	
搜索 Adobe Stock...	
置入嵌入对象(L)...	
置入链接的智能对象(K)...	
打包(G)...	
自动(U)	▶
脚本(R)	▶
导入(M)	▶
文件简介(F)...	Alt+Shift+Ctrl+I
打印(P)...	Ctrl+P
打印一份(Y)	Alt+Shift+Ctrl+P
退出(X)	Ctrl+Q

另外，在该目录下还有一个 ACTIONS.PDF 文件，可用 Adobe Acrobat 软件打开，里面详细介绍了这些动作的使用方法和产生的效果。

此电脑 › 本地磁盘 (C:) › 修订教程 › 第六章图

名称	日期	类型	大小	标记
psjc20060239.jpg	2014/5/6 13:27	JPG 文件	1,086 KB	
psjc20060239.tif	2014/5/6 13:27	TIF 文件	4,354 KB	
psjc20060240.jpg	2014/5/6 13:31	JPG 文件	1,050 KB	
psjc20060240.tif	2014/5/6 13:31	TIF 文件	4,736 KB	
psjc20060241.jpg	2014/5/6 15:23	JPG 文件	995 KB	
psjc20060241.tif	2014/5/6 15:23	TIF 文件	4,275 KB	
psjc20060242.jpg	2014/5/6 15:25	JPG 文件	1,088 KB	
psjc20060242.tif	2014/5/6 15:25	TIF 文件	4,225 KB	
psjc20060243.jpg	2014/5/6 15:26	JPG 文件	888 KB	
psjc20060243.tif	2014/5/6 15:26	TIF 文件	2,378 KB	
psjc20060244.jpg	2014/5/6 15:27	JPG 文件	940 KB	
psjc20060244.tif	2014/5/6 15:27	TIF 文件	2,698 KB	
psjc20060245.jpg	2014/5/6 15:29	JPG 文件	1,222 KB	
psjc20060245.tif	2014/5/6 15:29	TIF 文件	6,144 KB	
psjc20060246.jpg	2014/5/6 15:32	JPG 文件	784 KB	
psjc20060246.tif	2014/5/6 15:32	TIF 文件	2,124 KB	
psjc20060247.jpg	2014/5/6 15:32	JPG 文件	1,208 KB	
psjc20060247.tif	2014/5/6 15:32	TIF 文件	7,532 KB	
psjc20060248.jpg	2014/5/6 15:35	JPG 文件	943 KB	
psjc20060248.tif	2014/5/6 15:35	TIF 文件	2,698 KB	
psjc20060249.jpg	2014/5/6 15:34	JPG 文件	1,233 KB	
psjc20060249.tif	2014/5/6 15:34	TIF 文件	6,144 KB	
psjc20060250.jpg	2014/5/6 15:35	JPG 文件	714 KB	
psjc20060250.tif	2014/5/6 15:35	TIF 文件	1,327 KB	
psjc20060251.jpg	2014/5/6 15:42	JPG 文件	1,233 KB	
psjc20060251.tif	2014/5/6 15:42	TIF 文件	6,144 KB	
psjc20060252.jpg	2014/5/6 15:44	JPG 文件	908 KB	
psjc20060252.tif	2014/5/6 15:44	TIF 文件	6,143 KB	
psjc20060253.jpg	2014/5/6 15:46	JPG 文件	1,238 KB	